Marion Devilliers

La modélisation des nanoparticules

Marion Devilliers

La modélisation des nanoparticules

Modélisation et simulation numérique de la dynamique des nanoparticules appliquée aux atmosphères libres et confinées

Presses Académiques Francophones

Impressum / Mentions légales
Bibliografische Information der Deutschen Nationalbibliothek: Die Deutsche Nationalbibliothek verzeichnet diese Publikation in der Deutschen Nationalbibliografie; detaillierte bibliografische Daten sind im Internet über http://dnb.d-nb.de abrufbar.
Alle in diesem Buch genannten Marken und Produktnamen unterliegen warenzeichen-, marken- oder patentrechtlichem Schutz bzw. sind Warenzeichen oder eingetragene Warenzeichen der jeweiligen Inhaber. Die Wiedergabe von Marken, Produktnamen, Gebrauchsnamen, Handelsnamen, Warenbezeichnungen u.s.w. in diesem Werk berechtigt auch ohne besondere Kennzeichnung nicht zu der Annahme, dass solche Namen im Sinne der Warenzeichen- und Markenschutzgesetzgebung als frei zu betrachten wären und daher von jedermann benutzt werden dürften.

Information bibliographique publiée par la Deutsche Nationalbibliothek: La Deutsche Nationalbibliothek inscrit cette publication à la Deutsche Nationalbibliografie; des données bibliographiques détaillées sont disponibles sur internet à l'adresse http://dnb.d-nb.de.
Toutes marques et noms de produits mentionnés dans ce livre demeurent sous la protection des marques, des marques déposées et des brevets, et sont des marques ou des marques déposées de leurs détenteurs respectifs. L'utilisation des marques, noms de produits, noms communs, noms commerciaux, descriptions de produits, etc, même sans qu'ils soient mentionnés de façon particulière dans ce livre ne signifie en aucune façon que ces noms peuvent être utilisés sans restriction à l'égard de la législation pour la protection des marques et des marques déposées et pourraient donc être utilisés par quiconque.

Coverbild / Photo de couverture: www.ingimage.com

Verlag / Editeur:
Presses Académiques Francophones
ist ein Imprint der / est une marque déposée de
OmniScriptum GmbH & Co. KG
Heinrich-Böcking-Str. 6-8, 66121 Saarbrücken, Deutschland / Allemagne
Email: info@presses-academiques.com

Herstellung: siehe letzte Seite /
Impression: voir la dernière page
ISBN: 978-3-8381-4707-9

Zugl. / Agréé par: Marne-La-Vallée, Université Paris-Est, 2012

Copyright / Droit d'auteur © 2014 OmniScriptum GmbH & Co. KG
Alle Rechte vorbehalten. / Tous droits réservés. Saarbrücken 2014

Table des matières

Remerciements	5
Résumé	7
Abstract	9
1 Introduction	**11**
1.1 La pollution atmosphérique	11
1.2 Les aérosols dans la pollution atmosphérique	12
1.3 Les nanoparticules	19
1.4 Modélisation des aérosols atmosphériques	22
1.5 Objectifs et plan de la thèse	25
2 Processus de condensation/évaporation	**27**
2.1 Résumé de l'article	27
2.2 Introduction	33
2.3 Modeling	35
2.3.1 Particle size distribution	35
2.3.2 Condensation/evaporation equation	35
2.3.3 The sectional approach	36
2.3.4 The modal representation	37
2.4 Numerical schemes for the sectional representation	38
2.4.1 Eulerian, Lagrangian and semi-Lagrangian approaches	38
2.4.2 Redistribution algorithms	39
2.4.3 Inter-comparison of the schemes with two case studies	43
2.5 First case study: regional pollution	43
2.5.1 Initial conditions and simulation characteristics	43
2.5.2 Results	44
2.5.3 Performance Statistics: normalized mean error	47
2.5.4 Performance Statistics: correlation	49
2.5.5 PM and PN estimations	51

2.6 Second case study: the diesel vehicle exhaust 53
    2.6.1 Initial conditions and simulation characteristics 53
    2.6.2 Results 57
    2.6.3 Performance Statistics: normalized mean error 60
    2.6.4 Performance Statistics: correlation 62
    2.6.5 PM and PN estimations 63
2.7 Conclusion 64

3 Coagulation des nanoparticules   **67**
    3.1 Processus de coagulation 68
        3.1.1 Équation de Smoluchowski 68
        3.1.2 Caractéristiques physiques des aérosols dans l'air 69
        3.1.3 Noyau de coagulation brownien 71
    3.2 Approche sectionnelle 76
        3.2.1 Discrétisation 76
        3.2.2 Simulations numériques 84
    3.3 Forces de van der Waals 92
        3.3.1 Les formulations 94
        3.3.2 Constante de Hamaker 95
        3.3.3 Simulations numériques 98
    3.4 Conclusion 104

4 Nucléation et couplage des processus   **107**
    4.1 Introduction 107
    4.2 Paramétrisations 108
    4.3 Simulations numériques de la nucléation 114
        4.3.1 Nucléation et GDE 114
        4.3.2 Résultats 115
        4.3.3 Conclusion sur les résultats de nucléation 131
    4.4 Résolution découplée de la GDE 132

5 Conclusion et perspectives   **137**

Annexe A   **145**
    A.1 Volume distribution of the modal representation 145
    A.2 Error 145
    A.3 Correlation Coefficient 146
    A.4 The multichemical composition case 146
        A.4.1 The mass-redistribution 146
        A.4.2 The number-redistribution 148
    A.5 Additional results for condensation 148

A.6 Initial conditions 148
    A.6.1 The clear conditions 148
    A.6.2 The urban conditions 151

Remerciements

Je tiens tout d'abord à remercier mes rapporteurs : Virginie Maréchal et Olivier Simonin qui ont bien voulu consacrer du temps à la relecture de mon manuscrit de thèse ainsi que tous les membres du jury pour l'intérêt qu'ils ont porté à mon travail. Merci au président M. Beekmann d'avoir si bien animé la soutenance.

Merci à Mesdames Claude Tu et Cécile Blanchemanche pour leur bonne humeur et pour la gestion efficace des procédures administratives. Et bien sûr, je remercie l'INERIS d'avoir financé ces trois années de thèse.

Ensuite je souhaite remercier Edouard Debry, mon encadrant, pour ses conseils, son soutien et sa grande disponibilité. Ses compétences et sa précision m'ont permis d'améliorer de beaucoup mon manuscrit. Ses connaissances et son recul sur le sujet m'ont aidé tout au long de la thèse pour orienter mon travail et avancer dans la problématique.

Viens ensuite mon directeur de thèse Christian Seigneur qui a été très présent surtout durant la première année de thèse pendant laquelle j'étais au CEREA. Son expertise arrive toujours à rendre très simples des problèmes qui paraissent très complexes.

J'ai ensuite travaillé avec Karine Sartelet ce qui s'est révélé être un réel plaisir et je la remercie. J'ai finalement reçu beaucoup d'aide aussi de Bertrand Bessagnet, qui était l'un des membres toujours présent de mon comité de thèse et mon chef d'unité à l'INERIS. Ses connaissances en chimie et en programmation ont remarquablement complété un encadrement de thèse qui était déjà excellent. Je le remercie aussi beaucoup pour son aide à l'intégration de l'équipe MOCA et pour avoir accepté de financer ma participation à diverses conférences. Sur ce dernier point, je me dois de remercier aussi Laurence Rouïl qui a également voulu assister à ma répétition de thèse malgré son emploi du temps démentiel.

D'autres gens m'ont apporté leur soutien en dehors de l'INERIS et du CEREA, je tiens à citer ma petite soeur Camille pour ses encouragements, et mes amis, qui m'ont aidé à préparer les conférences. Enfin, si je dois dédier cette thèse à quelqu'un, si je dois remercier une personne en particulier, c'est celui qui m'a soutenu jusqu'au bout et sans qui cette thèse n'aurait pas pu être ce qu'elle est. Merci Maxime.

Résumé

L'utilisation des nanoparticules se développe de plus en plus dans l'industrie (nanotechnologies) et les mesures de la qualité de l'air ont permis d'observer une présence croissante dans l'air ambiant. Ces particules, qui ont une dimension caractéristique inférieure à $100\ nm$, sont aussi appelées particules ultrafines (PUFs). Les connaissances scientifiques étant encore lacunaires en matière de nanoparticules, leurs effets sur l'environnement et la santé publique restent des questions ouvertes.

Ces particules constituent la partie inférieure des distributions granulométriques de particules atmosphériques. Elles contribuent peu en masse aux $PM_{2.5}$ et aux PM_{10} (c'est-à-dire les particules atmosphériques dont le diamètre aérodynamique est inférieur à $2, 5$ ou 10 microns, respectivement), mais représentent la quasi-totalité de la concentration en nombre.

Différentes mesures réalisées en air intérieur et en air extérieur ont mis en évidence un nombre important de sources d'émissions et de formations de nanoparticules. Des études ont aussi pu montrer qu'en raison de leur petite taille, ces particules peuvent passer, entre autres, la barrière physiologique des poumons et ainsi se répandre dans l'organisme. De même, elles pénètrent facilement les organismes fongiques, animaux, végétaux ou microbiens et ainsi, par bioaccumulation, sont susceptibles de changer l'évolution des écosystèmes. Des effets sur les propriétés des nuages ont également été mis en évidence.

La plupart des indicateurs et des modèles de qualité de l'air actuels ne s'intéressent pour l'instant qu'aux concentrations massiques. Cependant, il est probable qu'à terme les émissions de nanoparticules soient réglementées et ce sont donc les concentrations en nombre qui seront considérées. Il convient donc d'adapter les modèles afin de pouvoir simuler correctement les concentrations en nombre, dans les ambiances confinées comme dans l'atmosphère.

Un modèle de dynamique des particules capable de suivre avec autant de précision la concentration en nombre que la concentration en masse, avec un temps de calcul optimal, a été développé.

La dynamique des particules dépend de divers processus, les plus importants étant la condensation/évaporation, suivie par la nucléation, la coagulation, et les phénomènes de dépôts. Ces processus sont bien connus pour les particules fines et grossières, mais dans le cas des nanoparticules, certains phénomènes additionnels doivent être pris en compte, notamment l'effet Kelvin pour la condensation/évaporation et les forces de van der Waals pour la coagulation.

Le travail a tout d'abord porté sur le processus de condensation/évaporation, qui s'avère être le plus compliqué numériquement. Les particules sont présumées sphériques. L'effet Kelvin est pris en compte car il devient considérable pour les particules de diamètre inférieur à $50\ nm$. Les schémas numériques utilisés reposent sur une approche sectionnelle : l'échelle granulométrique des particules est discrétisée en sections, caractérisées par un diamètre représentatif. Un algorithme de répartition des particules est utilisé, après condensation/évaporation, afin de conserver les diamètres représentatifs à l'intérieur de leurs sections respectives. Cette redistribution peut se faire en terme de masse ou de nombre. Un des points clé de l'algorithme est de savoir quelle quantité, de la masse ou du nombre, doit être redistribuée. Une approche hybride consistant à répartir la quantité dominante dans la section de taille considérée (le nombre pour les nanoparticules et la masse pour les particules fines et grossières) a été mise en place et a permis d'obtenir une amélioration de la précision du modèle par rapport aux algorithmes existants, pour un large choix de conditions.

Le processus de coagulation pour les nanoparticules a aussi été résolu avec une approche sectionnelle. La coagulation est régie par le mouvement brownien des nanoparticules. Pour cette approche, il a été constaté qu'il est plus efficace de calculer le noyau de coagulation en utilisant le diamètre représentatif de la section plutôt que de l'intégrer sur la section entière. Les simulations ont aussi pu montrer que les interactions de van der Waals amplifient fortement le taux de coagulation pour les nanoparticules.

La nucléation a été intégrée au modèle nouvellement développé en incorporant un terme source de nanoparticules dans la première section, commençant à un nanomètre. La formulation de ce taux de nucléation correspond à celle de l'acide sulfurique mais le traitement des interactions numériques entre nucléation, coagulation et condensation/évaporation est générique.

Différentes stratégies de couplage visant à résoudre séparément ou en même temps les trois processus sont discutées. Afin de pouvoir proposer des recommandations, différentes méthodes numériques de couplage ont été développées puis évaluées par rapport au temps de calcul et à la précision obtenue en terme de concentration massique et numérique.

Abstract

Modeling and numerical simulation of the dynamics of nanoparticles applied to free and confined atmospheres

Nanoparticle technology is undergoing constant development in the industry and air quality measurements reveal an increasing presence of nanoparticles in the ambient air. These particles, which have a characteristic dimension lower than $100\ nm$, are also called ultrafine particles (UFPs). Current scientific knowledge regarding nanoparticles is still incomplete, which raises new questions for human health and the environment.

These particles constitute the lower part of the size distribution of atmospheric particles. They contribute little to the mass concentrations of $PM_{2.5}$ and PM_{10} (atmospheric particles which aerodynamic diameter is lower than 2.5 or 10 microns, respectively), but they represent the quasi-totality of the number concentration.

Several studies have identified various emission and formation sources of nanoparticles in indoor and outdoor air. Studies have also shown that, because of their small size, these particles can cross the physiological lung barrier and subsequently penetrate very deeply into the human body. Furthermore, by penetrating fungal, animal, plant or microbial bodies, nanoparticles may change via bioaccumulation the evolution of ecosystems. Effects on the properties of clouds have also been brought to light.

Currently, most indicators and air quality models focus on the mass concentration. However, the forthcoming regulatory indicators with respect to nanoparticles are likely to consider the number concentration, their relevant quantity. Thus, it is necessary to adapt existing models in order to simulate the number concentration, and correctly account for nanoparticles, in both free and confined atmospheres.

A model of particle dynamics capable of following accurately the number as well as the mass concentration of particles, with an optimal calculation time, has been developed.

The dynamics of particles depends on various processes, the most important ones being condensation/evaporation, followed by nucleation, coagulation, and deposition phenomena. These processes are well-known for fine and coarse particles, but some additional phenomena must be taken into account when applied to nanoparticles, such as the Kelvin effect for condensation/evaporation and the van der Waals forces for coagulation.

This work focused first on condensation/evaporation, which is the most numerically challenging process. Particles were assumed to be of spherical shape. The Kelvin effect has been taken into account as it becomes significant for particles with diameter below $50\ nm$. The numerical schemes are based on a sectional approach: the particle size range is discretized in sections characterized by a representative diameter. A redistribution algorithm is used, after condensation/evaporation occurred, in order to keep the representative diameter between the boundaries of the section. The redistribution can be conducted in terms of mass or number. The key point in such algorithms is to choose which quantity has to be redistributed over the fixed sections. We have developed a hybrid algorithm that redistributes the relevant quantity for each section. This new approach has been tested and shows significant improvements with respect to most existing models over a wide range of conditions.

The process of coagulation for nanoparticles has also been solved with a sectional approach. Coagulation is monitored by the brownian motion of nanoparticles. This approach is shown to be more efficient if the coagulation rate is evaluated using the representative diameter of the section, rather than being integrated over the whole section. Simulations also reveal that the van der Waals interactions greatly enhance coagulation of nanoparticles.

Nucleation has been incorporated into the newly developed model through a direct source of nanoparticles in the first size section, beginning at one nanometer. The formulation of this rate of nucleation corresponds to that of sulfuric acid but the treatment of the numerical interactions between nucleation, coagulation and condensation/evaporation is generic.

Various strategies aiming to solve separately or jointly these three processes are discussed. In order to provide recommendations, several numerical splitting methods have been implemented and evaluated regarding their CPU times and their accuracy in terms of number and mass concentrations.

Chapitre 1

Introduction

Les problématiques environnementales sont de plus en plus présentes dans nos vies grâce à une prise de conscience collective réelle des conséquences, directes ou indirectes, à court et long terme, de nos modes de vie.
Dans ce chapitre, le contexte de la thèse est présenté, les principales notions sont définies et le plan du manuscrit est détaillé.

1.1 La pollution atmosphérique

Parmi les multiples thématiques existantes, la pollution atmosphérique occupe une place prépondérante, de part, notamment, ses multiples répercussions tant à l'échelle globale, régionale que locale : changement climatique, diminution de la couche d'ozone stratosphérique, dépôts de polluants et conséquences sur les écosystèmes, diminution de la visibilité, dangers sanitaires, dégradation du bâti.

Les polluants responsables de ces effets peuvent être émis directement dans l'atmosphère, on parle de polluants primaires, ou formés par réactions physico-chimiques dans l'air, on parle alors de polluants secondaires. Certains polluants sont présents naturellement dans l'atmosphère (végétation, volcans, ...), d'autres sont issus de l'activité humaine (trafic, industries, ...), i.e. anthropiques.

On distingue les polluants inorganiques des polluants organiques. En phase gazeuse, citons notamment l'ozone, les oxydes de soufre, les oxydes d'azote (NO et NO_2, regroupés sous la dénomination NO_x), l'ammoniac et les composés organiques volatils (COV). Le schéma 1.1 illustre le devenir de ces polluants dans l'air.

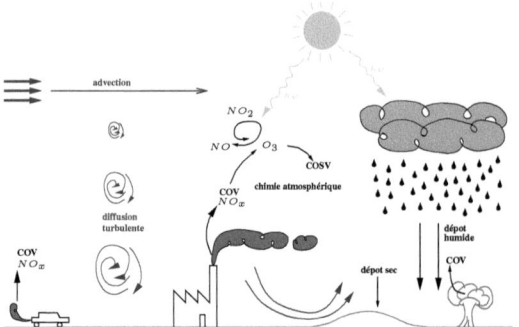

FIGURE 1.1 – le système atmosphérique

Après émission, les polluants sont transportés et dispersés dans l'atmosphère et réagissent chimiquement entre eux notamment sous l'effet du rayonnement solaire. En particulier, l'oxydation des COV produit de très nombreux (plusieurs milliers) composés organiques semi-volatils (COSV). Les polluants ont une durée de résidence dans l'atmosphère pouvant aller jusqu'à quelques mois, puis ils finissent par se déposer sur une surface par dépôt sec ou sont lessivés par les précipitations (dépôt humide). Certaines espèces chimiques, comme l'acide sulfurique et les COSV sont susceptibles de se condenser et de former une phase particulaire.

Du fait des échanges entre air extérieur et intérieur, la pollution atmosphérique n'est pas sans conséquence sur la qualité de l'air intérieur. Celle-ci dépend aussi d'autres processus tel que la ventilation, les émissions des bâtiments, et fait, pour cette raison, l'objet de recherches spécifiques (Kirchner et al. (2007)). Cependant, que l'on soit en air intérieur ou extérieur, la modélisation des principaux processus micro-physiques des particules (coagulation, condensation/évaporation et nucléation) est identique. Aussi, bien que le modèle développé dans cette thèse l'ait été davantage en référence à des applications en air extérieur, il reste valable pour les problématiques d'air intérieur.

1.2 Les aérosols dans la pollution atmosphérique

Définition et description

Les polluants condensés sont présents dans l'air sous forme de particules en suspension appelés aérosols. Le mot « aérosol » désigne le mélange gaz/particules. Cependant, dans cette thèse, nous employons indifféremment les termes « aérosol » et « particule ». Leur taille s'étend de quelques nanomètres à quelques dizaines de micromètres.

La figure 1.2 illustre la répartition des aérosols dans l'air par classe de taille. Si la concentration en masse d'une population de particules provient majoritairement des particules de grande taille, la concentration en nombre est, quant à elle, constituée à 90 % de particules ultrafines, qui ont un diamètre inférieur à 0.1 micromètre.

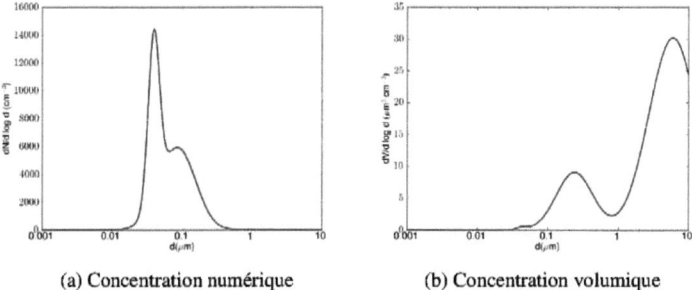

(a) Concentration numérique   (b) Concentration volumique

FIGURE 1.2 – Exemple de distribution d'aérosols composés de sulfate (Seigneur et al. (1986))

Les aérosols peuvent être à l'état solide ou liquide. Les aérosols liquides sont en général de forme sphérique alors que ceux qui sont solides présentent souvent une forme plus compliquée, pouvant avoir un aspect fractal comme les suies (Bessagnet and Rosset (2001)). En général, on se ramène à une forme sphérique pour la modélisation, quitte à donner au diamètre une définition particulière (diamètre aérodynamique, diamètre de Stockes, diamètre équivalent, ...). La figure 1.3 donne une idée des différentes morphologies d'aérosols rencontrées.

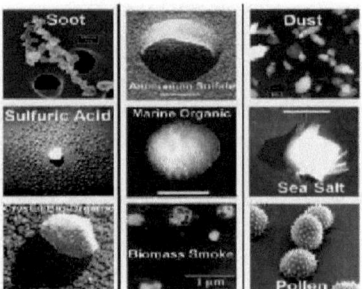

FIGURE 1.3 – Images d'aérosols au microscope électronique

La modélisation des aérosols est l'objet de nombreuses recherches, et ce pour diverses raisons :
— leur possible nocivité : réactions inflammatoires, allergisantes, pathologies cardio-vasculaires, cancers (Silverman et al. (2011); IARC (2012)), ...
Celle-ci dépend de leur composition chimique et de leur taille, les particules les plus fines étant effectivement capables de passer la barrière physiologique des poumons (EPA (2009); Oberdörster et al. (2005));
— leurs interactions chimiques avec les autres composants de l'atmosphère, encore incomplètement maîtrisées (réactions hétérogènes, polymérisation, oligomérisation, ...)
— leur impact sur le bilan radiatif de l'atmosphère, et donc sur le climat. On observe un effet direct par absorption et diffusion du rayonnement solaire, et un effet indirect par formation des nuages, du fait de l'activation de noyaux de condensation ou « CCN » (Cloud Condensation Nuclei).

Composition chimique

Les aérosols ont une composition chimique très variée, qui dépend de leur histoire, c'est-à-dire tout d'abord de leur source d'émission et du mélange qui se produit dans l'atmosphère. Les camemberts présentés en figure 1.4 présentent respectivement la compositions de particules de diamètre inférieur à $2,5$ et $10\ \mu m$, mesurées sur le site urbain de Zurich (Putaud et al. (2004)).

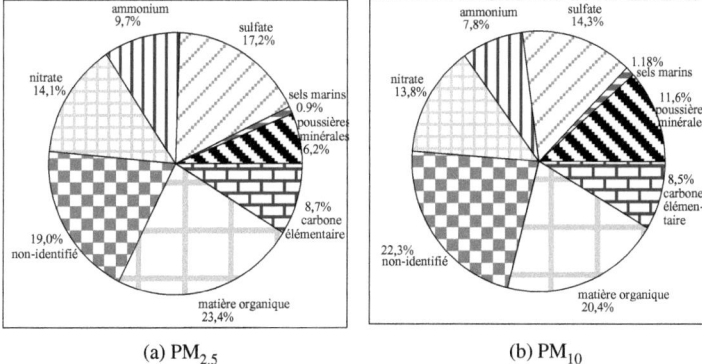

FIGURE 1.4 – Mesures de $PM_{2.5}$ et PM_{10} à Zurich présentées dans Putaud et al. (2004).

Des éléments minéraux et des suies sont susceptibles de former un cœur solide autour duquel s'organisent une fraction inorganique et une organique, liquide ou amorphe. La première est généralement composée de sulfate, nitrate, ammonium, chloride et sodium, en solution aqueuse et/ou à l'état solide. Les composés organiques constituent généralement la part prépondérante de la masse des aérosols, celle-ci est en général difficile à caractériser chimiquement du fait du très grand nombre des composés chimiques et de la limitation des appareils de détection : une fraction conséquente de la masse des aérosols est perdue au cours de la mesure. La composition chimique des aérosols résulte d'un équilibre thermodynamique complexe, car les composés inorganiques se trouvent en général dans une solution aqueuse saturée, avec laquelle les composés organiques peuvent aussi interagir (Couvidat et al. (2012a)).

Lorsque tous les aérosols d'une même classe de taille ont une composition similaire, on dit qu'ils sont en mélange interne, et en mélange externe dans le cas contraire. On conçoit que près d'une source d'émission, les particules émises avec une composition chimique donnée rencontrant d'autre particules, vont former un mélange externe. Cependant les différents processus auxquels sont soumises les particules dans l'air tendent à uniformiser le mélange au fil du temps.

La dynamique des particules

Dans l'atmosphère, les particules évoluent selon une dynamique propre, composée de plusieurs processus micro-physiques, les principaux étant la condensation/évaporation, la coagulation et la nucléation.

Le schéma 1.5 illustre cette dynamique, qui s'ajoute au système atmosphérique précédemment représenté (schéma 1.1).

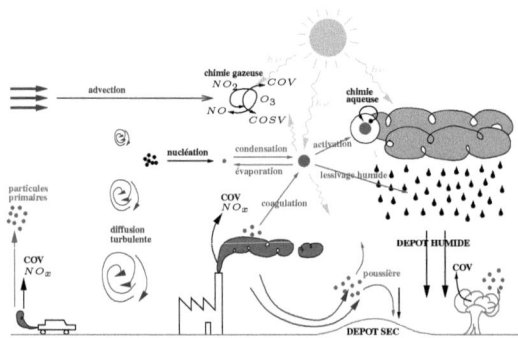

FIGURE 1.5 – les aérosols dans l'atmosphère

La condensation/évaporation est un transfert de masse entre la phase gazeuse et la phase aérosol. Ce processus tend à ramener l'équilibre thermodynamique entre les deux phases. Cet équilibre est atteint lorsque les pressions de vapeur saturante des composés chimiques de la particule et les pressions partielles des gaz correspondant qui l'entourent s'égalisent. Ce processus entraîne, selon le cas, un grossissement de la particule par condensation ou au contraire une diminution de sa taille par évaporation.

La coagulation est le processus par lequel deux particules entrent en collision et coalescent. Le mouvement brownien ou agitation thermique des particules est le principal moteur de la coagulation dans l'atmosphère. Ce processus affecte grandement les particules de diamètre inférieur à 0.1 micromètre. On peut citer également les phénomènes de coagulation turbulente, gravitationnelle ou laminaire, qui peuvent devenir prédominants dans un contexte précis.

La nucléation est la transformation de gaz condensables en particules. Le principal gaz précurseur est l'acide sulfurique qui, dans des conditions favorables de température et d'humidité relative, donne naissance à une particule liquide d'eau et d'acide sulfurique thermodynamiquement stable. En milieu rural où la végétation est dense, les émissions biogéniques de COV mènent à la formation de COVS qui peuvent nucléer. Le diamètre typique des particules nuclées est de l'ordre du nanomètre. Elles grossissent ensuite rapidement par coagulation ou condensation.

Seuils et législation

Les particules sont depuis longtemps l'objet de réglementations qui fixent des seuils à ne pas dépasser, principalement dans un souci de santé publique. Les réglementations en vigueur pour la qualité de l'air en Europe portent sur les concentrations en masse des particules ayant un diamètre aérodynamique inférieur ou égal à 2.5 μm ($PM_{2.5}$) et 10 μm (PM_{10}).
Les valeurs données par les tableaux 1.1 et 1.2 proviennent de la Directive du 21 mai 2008 du Conseil de l'Union Européenne (Air Quality Directive (2008)). Elles s'appliquent à tous les sites de mesure, c'est-à-dire ceux à proximité de sources et ceux en situation de fond.

Tableau 1.1 – Réglementations européennes sur les particules $PM_{2,5}$

Valeurs limites pour la protection de la de la santé humaine	$25\ \mu g.m^{-3}$ ($20\ \mu g.m^{-3}$ en 2020)	en moyenne annuelle

Tableau 1.2 – Réglementations européennes sur les particules PM_{10}

Valeurs limites pour la protection de la santé humaine	$40\ \mu g.m^{-3}$	en moyenne annuelle
	$50\ \mu g.m^{-3}$	en moyenne journalière à ne pas dépasser plus de 35 jours par année civile

L'OMS émet, quant à elle, des recommandations de valeurs guides, fonction de la durée d'exposition, par polluant, à ne pas dépasser. Les seuils pour les PM_{10} et les $PM_{2,5}$ sont donnés dans les tableaux 1.3 et 1.4.

Tableau 1.3 – Recommandations de l'OMS sur les particules $PM_{2,5}$

Valeurs limites pour la protection de la de la santé humaine	$10\ \mu g.m^{-3}$	en moyenne annuelle
	$25\ \mu g.m^{-3}$	en moyenne journalière

Tableau 1.4 – Recommandations de l'OMS sur les particules PM_{10}

Valeurs limites pour la protection de la santé humaine	$20\ \mu g.m^{-3}$	en moyenne annuelle
	$50\ \mu g.m^{-3}$	en moyenne journalière

Les nanoparticules ont un impact important sur le nombre total de particules. Concernant la législation Européenne sur les émissions des véhicules, le règlement Européen No 715/2007 (EC, 2007) [1] indiquait une évolution probable des normes vers la prise en compte du nombre total de particules émises : « Pour garantir le contrôle des émissions de particules ultrafines (PM de $0,1$ μm et moins), la Commission devrait adopter le plus rapidement possible et introduire au plus tard au moment de l'entrée en vigueur de l'étape Euro 6, une démarche fondée sur le nombre de particules en plus de la démarche fondée sur la masse qui est actuellement suivie. La démarche fondée sur le nombre de particules devrait s'appuyer sur les résultats du programme de mesure des particules (PMP) de la CEE-ONU, et s'inscrire dans le respect des objectifs ambitieux existant en matière d'environnement. » Cette norme sur le nombre de particules émises a été introduite dans le règlement No 692/2008 (EC, 2008) [2] indiquant un seuil de 6×10^{11} $\#/km$ pour certains types de véhicules (normes Euro 5 et Euro 6). Le dernier texte règlementaire Européen en vigueur sur les émissions automobiles (règlement No 459/2012 ; EC, 2012 [3]) rappelle : « Le règlement (CE) no 692/2008 a fixé à 6×10^{11} $\#/km$ la limite du nombre de particules pouvant être émises par les moteurs diesel Euro 6 ».

---

1. EC (2007) : RÈGLEMENT (CE) No 715/2007 DU PARLEMENT EUROPÉEN ET DU CONSEIL du 20 juin 2007 relatif à la réception des véhicules à moteur au regard des émissions des véhicules particuliers et utilitaires légers (Euro 5 et Euro 6) et aux informations sur la réparation et l'entretien des véhicules

2. EC (2008) : RÈGLEMENT (CE) No 692/2008 DE LA COMMISSION du 18 juillet 2008 portant application et modification du règlement (CE) no 715/2007 du Parlement européen et du Conseil du 20 juin 2007 relatif à la réception des véhicules à moteur au regard des émissions des véhicules particuliers et utilitaires légers (Euro 5 et Euro 6) et aux informations sur la réparation et l'entretien des véhicules

3. EC (2012) : RÈGLEMENT (UE) No 459/2012 DE LA COMMISSION du 29 mai 2012 modifiant le règlement (CE) no 715/2007 du Parlement européen et du Conseil ainsi que le règlement (CE) no 692/2008 de la Commission en ce qui concerne les émissions des véhicules particuliers et utilitaires légers (Euro 6)

1.3 Les nanoparticules

Dans cette partie, nous commençons par préciser la notion de nanoparticules, puis nous détaillons les principales sources ainsi que les enjeux sanitaires et environnementaux liés aux nanoparticules.

Les définitions

Les particules ultrafines sont des particules dont le diamètre équivalent est inférieur à $100\ nm$ (EPA (2009), ISO-27687). Comme la plupart des nanoparticules, définies par leur dimensions géométriques, se révèlent après mesurage être des particules ultrafines, nous parlerons indifféremment des deux dans ce manuscrit. Pour davantage de précision, on peut citer le rapport ISO de 2008 (ISO 27687), équivalent aux derniers rapports ISO existants.

Norme ISO TS/27687

Nano-objet : matériau dont au mois une des dimensions externes est à la nano-échelle

Nano-échelle : gamme de dimension s'étendant approximativement de $1\ nm$ à $100\ nm$

Nanoparticule : nano-objet dont les 3 dimensions externes sont à la nano-échelle

Particule ultrafine : particule dont le diamètre équivalent est inférieur à $100\ nm$

Diamètre équivalent : diamètre d'une sphère qui donne une réponse identique à celle obtenue avec la particule mesurée, via un instrument de mesure des dimensions des particules (note : la propriété physique à laquelle se rapporte le diamètre équivalent est précisée par un indice approprié)

Diamètre aérodynamique : diamètre d'une sphère d'une masse volumique de $1000\ kg.m^{-3}$ ayant la même vitesse de stabilisation que la particule irrégulière (note : la plupart des nanoparticules se révèlent après mesurage être des particules ultrafines)

Une autre définition, plus large, qualifie de « nanoparticule » un assemblage d'atomes dont au moins une des dimensions se situe à l'échelle nanométrique ; ceci correspond à la définition de « nano-objet » selon la norme ISO précitée. Les nanotubes présentent quant à eux deux dimensions nanométriques. Notons que lorsque les nanoparticules sont de forme sphérique, les définitions de « nanoparticule » et « nano-objet » sont équivalentes.

Les principales sources

Les nanoparticules sont devenues un important sujet de préoccupation au cours des dernières années, du fait du nombre croissant de sources possibles d'émission, et de leur importante concentration numérique en air intérieur (Géhin et al., 2008; Ji et al., 2010) comme en air extérieur (Charron and Harrison, 2009; Bang and Murr, 2002; Kumar et al., 2011).

L'industrie fait aujourd'hui de plus en plus appel aux nanotechnologies, celles-ci consistent en la fabrication d'objets ayant une structure nanométrique, comme les nanotubes de carbone (Ricaud et al. (2008)). La raison de cet intérêt pour les nanomatériaux est tout d'abord qu'ils offrent une plus grande réactivité, du fait d'un rapport surface/volume plus élevé, et qu'ils nécessitent moins de matière première que les matériaux classiques, d'où un moindre cout de production. Ils sont de plus en plus utilisés dans la fabrication de divers produits d'usage quotidien tels que les crèmes solaires et cosmétiques ; ainsi que dans des produits à usage industriel comme les enduits extérieurs, peintures, vernis d'ameublement, catalyseurs de carburant, pellicules et films pour l'image. On peut en trouver une liste plus exhaustive sur le site du projet « Project on Emerging Nanotechnologies » (www.nanotechproject.org/).

À l'heure actuelle, on connaît encore assez peu le devenir de ces nanomatériaux, plus précisément, on ne sait pas en quelle proportion ils sont diffusés dans l'atmosphère au cours de leur durée de vie. La question se pose en particulier pour les nanoparticules manufacturées telles que les particules de dioxyde de titane que l'on trouve dans les crèmes solaires.

En revanche, d'autres sources ont été clairement identifiées, que ce soit en air intérieur : cuisson d'aliments, utilisation du sèche-cheveux ou du grille-pain, combustion de l'encens, chauffage d'appoint (Géhin et al. (2008); Ji et al. (2010)) ; ou en air extérieur : trafic routier et aérien (usure des freins et pneus et gaz d'échappement) (Kittelson et al. (2006)), combustion du bois (Bond et al. (2004)).

C'est essentiellement par combustion et usure mécanique que les nanoparticules sont émises dans l'air, même si les émissions biogéniques et l'oxydation du SO_2 peuvent aussi mener à des événements de formation de nanoparticules par nucléation.

Des processus physiques différents

Du fait de leur petite taille, les nanoparticules sont sujettes à des effets physiques spécifiques qui sont habituellement négligeables pour des particules de l'ordre du micromètre.

En effet, à l'échelle nanométrique, les forces électrostatiques, les forces de van der Waals et la tension de surface viennent modifier significativement les processus de coagulation et de condensation/évaporation. En particulier, la forte courbure des petites particules augmente la pression de vapeur saturante de leurs composés chimiques, contribuant à leur évaporation, c'est l'effet Kelvin.

Ces effets ne peuvent être négligés dans le développement d'un modèle de la dynamique des nanoparticules.

Enjeux environnementaux et sanitaires

De part leur utilisation et leur présence croissante dans l'atmosphère, les nanoparticules représentent un risque pour l'environnement et la santé publique, risque d'autant plus important qu'elles sont aussi un enjeu économique.

Enjeux environnementaux

Les nanoparticules sont susceptibles de polluer tous les milieux (air, eau, et sols) du fait de leur petite taille. Elles pénètrent aussi facilement les organismes fongiques, animaux, végétaux et microbiens (Gibaud et al. (1996)). En s'accumulant, elles peuvent perturber l'équilibre des écosystèmes et le fonctionnement de ces organismes. De façon plus accidentelle, certaines nanoparticules, en contact avec l'air, peuvent constituer un mélange explosif dans des conditions atmosphériques particulières (Vignes et al. (2012)).

Cependant, les nanoparticules n'ont pas que des effets négatifs sur l'environnement, elles sont en particulier déjà utilisées pour dépolluer les sols (Ma et al. (2010); Dubchak et al. (2004)).

Enjeux sanitaires

Si la modification de l'environnement peut à plus ou moins long terme avoir des conséquences sur la santé publique, les nanoparticules présentent avant tout un risque sanitaire direct du fait de leur capacité à traverser les nombreuses barrières biologiques du corps humain.

Une part importante des nanoparticules inhalées atteint directement les alvéoles pulmonaires, d'où elles peuvent passer dans le sang et les cellules (Nemmar et al. (2002a)). Elles sont susceptibles d'atteindre également le système nerveux (barrière hémato-encéphalique) et digestif (Oberdörster et al. (2005)).

Diverses études ont mis en évidence des effets pulmonaires à court terme : asthme et réponses inflammatoires pulmonaires (Pentinen et al. (2001); Elder et al (2000); Bagouet (2008)) ; mais d'autres effets à plus long terme sont à l'étude, comme les cancers et problèmes cardio-vasculaires (Driscoll (1996); LeBlanc et al. (2010),).

1.4 Modélisation des aérosols atmosphériques

Il existe aujourd'hui plusieurs modèles de dispersion ou de chimie-transport (CTM), qui simulent l'advection par le vent, la diffusion turbulente et les transformations physico-chimiques des polluants dans l'atmosphère. Ces modèles sont contraints en entrée par des données d'émissions et des champs météorologiques (température, vitesse du vent, précipitations, ...). Certains modèles de qualité de l'air peuvent simuler les champs météorologiques et les concentrations des polluants atmosphériques conjointement ; on parle alors de modèles intégrés. Les modèles de type CFD[4], quant à eux, calculent les champs météorologiques et peuvent descendre à des échelles spatio-temporelles très fines, mais sont couteux en temps de calcul.

Les modèles de chimie-transport font partie intégrante des plate-formes de prévision de qualité de l'air, tel que Prev'Air (http://www.prevair.org), qui sont utilisées à l'échelle urbaine et régionale par les pouvoirs publics notamment pour prévoir les épisodes de pollution à l'ozone.

Si l'on peut considérer aujourd'hui que ces modèles sont opérationnels pour le suivi des espèces chimiques en phase gazeuse[5], il n'en est pas encore de même pour la pollution particulaire. Dans des milieux faiblement concentrés comme c'est le cas pour les aérosols atmosphériques, les interactions possibles entre les particules et l'écoulement du fluide porteur ne sont pas prises en compte comme c'est le cas lorsque l'on modélise des atmosphères confinées fortement concentrées en particules (Simonin et al. (1993); Simonin (1991)). Dans la suite, nous détaillons les principaux éléments de la modélisation des aérosols mis en œuvre dans les modèles de chimie-transport.

La distribution en taille des particules dans l'atmosphère est modélisée par une densité continue de concentration :

$$m \mapsto n(m,t) \quad (1.1)$$

où $n(m,t)\ dm$ est la concentration en nombre ($\#.m^{-3}$) des particules dont la masse unitaire (μg) se situe entre m et $m + dm$. De même, la distribution massique s'écrit :

$$m \mapsto q(m,t) \quad (1.2)$$

où $q(m,t)\ dm$ est la concentration en masse ($\mu g.m^{-3}$) des particules dont la masse unitaire (μg) se situe entre m et $m + dm$.

---

4. Computational Fluid Dynamics.
5. Il est toutefois souhaitable de réajuster le modèle à l'aide de données d'observation par assimilation de données.

Les distributions en masse et en nombre sont reliées par la masse d'une particule :

$$q(m,t) = m\, n(m,t) \qquad (1.3)$$

On peut également écrire une densité de concentration massique $m \mapsto q_i(m,t)$ pour chaque composé X_i. Cette représentation fait implicitement l'hypothèse du mélange interne c'est-à-dire qu'elle n'autorise qu'une seule composition chimique par classe de taille, c'est une hypothèse répandue des modèles de chimie-transport.

Les densités précédentes (1.1, 1.2) évoluent dans le temps selon l'équation générale de la dynamique des aérosols (GDE), qui comprend les processus de condensation/évaporation, coagulation et nucléation. Les processus peuvent être résolus de manière couplée ou découplée, suivant le rapport entre leurs temps caractéristiques. On détaille la GDE pour chaque processus dans le chapitre consacré à celui-ci.

On considère que les particules ont une forme sphérique, ce qui donne une relation directe entre les distributions en nombre, en masse, et le diamètre des particules :

$$q(m,t) = \frac{\pi}{6}\, \rho\, d_p^3\, n(m,t) \qquad (1.4)$$

où ρ est la masse volumique de la particule.

Comme on ne peut pas représenter numériquement une distribution continue, on a recours soit à une approche sectionnelle, soit à une approche modale [6].

La première approche consiste à discrétiser le spectre de taille des particules en un nombre arbitraire de sections ($[m_{k-}; m_{k+}]$), sur lesquelles on définit des quantités intégrées $N_k(t)$, $Q_k(t)$ et un diamètre moyen d_{p_k} sur la section k :

$$N_k(t) = \int_{m_{k-}}^{m_{k+}} n(m,t)\, dm\ ,\ Q_k(t) = \int_{m_{k-}}^{m_{k+}} q(m,t)\, dm\ ,\ d_{p_k} = \left(\frac{6\, Q_k(t)}{\pi\, \rho\, N_k(t)}\right)^{\frac{1}{3}}$$

$$(1.5)$$

Dans la seconde approche, on suppose que la distribution en nombre est une somme de distributions log-normales, c'est-à-dire normales par rapport au logarithme [7] du diamètre :

$$n(d_p,t) = \sum_i \frac{N_i(t)}{(2\pi)^{1/2} \log \sigma_i(t)} \times \exp\left[-\frac{1}{2}\left(\frac{[d_p/d_i(t)]}{\log \sigma_i(t)}\right)^2\right] \qquad (1.6)$$

---

6. Il existe d'autres approches à partir de méthodes spectrale ou de collocation, mais elles sont peu utilisées dans les modèles de chimie-transport.
7. Ici et dans toute la suite du manuscrit log désigne le logarithme népérien.

où N_i, σ_i et d_i désignent respectivement la concentration en nombre, l'écart-type géométrique et le diamètre médian du mode i. En général, trois modes sont utilisés : le mode de nucléation (Aitken mode), le mode d'accumulation et le mode grossier (Whitby (1978)). Le nombre et la masse totaux de chaque mode sont reliés par la formule suivante :

$$Q_i(t) = \frac{\pi}{3} \rho\, N_i(t) d_i^3\, exp(\frac{9}{2}\ln^2 \sigma_i) \qquad (1.7)$$

Quelque soit l'approche numérique utilisée, les relations (1.4), (1.5) et (1.7) montrent que les concentrations en nombre et en masse et le diamètre des particules sont toujours reliées entre eux.

Dans le cas de l'approche sectionnelle, seules deux des trois variables peuvent être suivies par le modèle, la troisième devant être rediagnostiquée, c'est-à-dire recalculée au moyen de la relation (1.5).

Une des questions importantes dans la modélisation des aérosols est justement le choix des quantités que l'on désire suivre. Jusqu'à présent, la plupart des modèles de chimie-transport avec une approche sectionnelle ne transportent que la concentration en masse des particules, et rediagnostiquent le nombre de particules à l'aide du diamètre fixe de chaque section. Cette stratégie est cohérente avec les réglementations actuelles, qui imposent des seuils à ne pas dépasser sur les concentrations en masse (cf. tableaux 1.2 et 1.1).

Les modèles modaux tels que Polair3D-MAM transportent en réalité les moments d'ordre 0, 3 et 6 de chaque mode, ce qui permet de retrouver le nombre et la masse totales ainsi que le diamètre médian du mode, en utilisant la relation (1.7).

Dans le tableau 1.6, nous présentons une liste non-exhaustive des différents modèles de transport d'aérosols. Les sigles N, Q et d désignent respectivement la concentration en nombre, en masse et le diamètre. Une liste plus complète des modèles de dispersion en générale est fournie par Holmes and Morawska (2006) et Kumar et al. (2011) a répertorié en particulier les modèles suivant le nombre des particules.

Le diamètre minimum ne tient en général pas compte des particules ultrafines. À titre d'exemple, le modèle de chimie-transport CHIMERE (Bessagnet et al., 2004) ne prend en compte que les particules dont le diamètre est de plus de $40\ nm$.

La plupart des modèles sont de type sectionnel. En effet, si les modèles modaux se révèlent très pratique à l'usage, car seuls trois modes sont nécessaires pour caractériser la distribution d'aérosols, il n'est pas garanti que la précision de cette approche augmente avec le nombre de modes utilisés.

En revanche, les modèles sectionnels peuvent être aussi précis que souhaité avec un grand nombre de sections. Cependant, dans un modèle de chimie-transport, seul un petit nombre de sections peut être utilisé pour des raisons de cout calcul.

Tableau 1.5 – Différents modèles de chimie-transport

Modèle	Type de transport	Modèle d'aérosols	Variables suivies	Nombre de sections ou modes	Diamètre minimum	Référence
CHIMERE	CTM-Eulérien	sectionnel	Q	8	$40\,nm$	Bessagnet et al. (2004)
MOCAGE	CTM-Eulérien	sectionnel	Q	6	$1\,nm$	Michou and Peuch (2002)
Polair3D-SIREAM	CTM-Eulérien	sectionnel	Q	5-10	$10\,nm$	Debry et al. (2007)
Polair3D-MAM	CTM-Eulérien	modal	N, Q, d	3	$10\,nm$	Sartelet et al. (2006)
AIM	CTM-Lagrangien	sectionnel	Q	-	$100\,nm$	Kleeman and Cass (1997)
Code_Saturne	CFD	modal	N, Q, d	4	$1\,nm$	Albriet et al. (2010)
CMAQ-Madrid	CTM-Eulérien	sectionnel	N, Q	2, 8, 12, 24	$1\,nm$	Zhang et al. (2004)
CMAQ	CTM-Eulérien	modal	N, Q, d	3, 4	$2.15\,\mu m$	Binkowski and Shankar (1995)
GATOR/MMTD	CTM-Eulérien	sectionnel	N, Q	16	$10\,nm$	Jacobson (1997a)
PMCAMx	CTM-Eulérien	sectionnel	N, Q	41	$0.8\,nm$	Jung et al. (2010)

Parmi les modèles du tableau 1.6 qui utilisent la méthode sectionnelle, CMAQ-MADRID est un des seuls (avec GATOR) à suivre à la fois le nombre et la masse, en utilisant des diamètres variables et la relation (1.4). Cependant, la comparaison des résultats de simulations de ce modèle avec des mesures ambiantes suggère qu'il n'est pas aussi précis pour la concentration en nombre que pour la concentration en masse (Zhang et al. (2006)). Une des principales raisons de la déficience des modèles à suivre le nombre est que d'une part, les incertitudes sur les émissions sont importantes, et que d'autre part, les processus physiques propres aux nanoparticules ne sont pas suffisamment bien modélisés (Zhang et al. (2010c)). Ainsi, les nanoparticules viennent remettre en cause les stratégies numériques des modèles actuels.

1.5 Objectifs et plan de la thèse

Objectifs et hypothèses

Dans ce contexte, l'objectif de la thèse est le développement d'un modèle sectionnel 0D de la dynamique des aérosols, capable de suivre de manière raisonnablement précise aussi bien le nombre des particules que leur masse, avec un nombre de sections permettant son adaptation au 3D, et pour des particules allant de 1 nanomètre à 10 micromètres.

Le spectre de taille des aérosols modélisé couvre ainsi les particules ultrafines, fines et grossières.

Nous nous plaçons dans le cas de particules sphériques, l'aspect fractal n'est ici pas pris en compte. Dans ce travail, nous ne considérons que des particules monocomposées afin de s'affranchir des problématiques issues de la thermodynamique chimique et d'étudier plus spécifiquement les difficultés numériques posées par la résolution de la dynamique des nanoparticules. Néanmoins, les algorithmes proposés peuvent être étendus aux aérosols multicomposés.

Le modèle développé a vocation à être intégré dans des modèles de chimie-transport atmosphérique, tels que CHIMERE (LMD/IPSL) et Polyphemus/Polair3D (CEREA), et des modèles de CFD, comme Code_Saturne (EdF R&D/CEREA), à des fins d'études d'impact en air extérieur et intérieur.

Plan de la thèse

Le développement du modèle 0D s'est effectué processus par processus, du plus compliqué au plus simple numériquement, en étudiant pour chacun d'eux les problématiques spécifiques aux nanoparticules.

On s'est tout d'abord intéressé au processus de condensation/évaporation (chapitre 2) car c'est celui qui pose le plus de problèmes numériques. La difficulté principale réside dans la prise en compte de l'effet Kelvin, qui provoque une augmentation de la pression de vapeur saturante et induit de la raideur numérique. Cette partie a fait l'objet d'une publication (Devilliers et al. (2012)).

Le chapitre 3 porte sur la coagulation des nanoparticules. Différentes stratégies portant sur l'intégration numérique du nombre et du noyau de coagulation sont testées. Les forces de van der Waals sont intégrées au noyau de coagulation après revue des différentes paramétrisations.

Le chapitre 4 porte sur l'intégration de la nucléation au modèle et sur les différentes stratégies de découplage des processus et des pas de temps. L'étude bibliographique de Zhang et al. (2010b) a permis de choisir une paramétrisation de la nucléation (Kuang et al. (2008)). La nucléation s'intègre au modèle sous la forme d'un terme source dans la première section. Les différentes stratégies de découplage de l'ensemble des processus et des pas de temps sont comparées.

En conclusion, nous présentons un résumé des caractéristiques du modèle développé et différentes perspectives de recherche.

Chapitre 2

Processus de condensation/évaporation

Ce chapitre est constitué de : M. Devilliers, É. Debry, K. Sartelet et C. Seigneur, 2013. A New Algorithm to Solve Condensation/Evaporation for Ultra Fine, Fine, and Coarse Particles, vol 55, p116-136, Journal of Aerosol Science.

2.1 Résumé de l'article

Ce chapitre présente un nouvel algorithme sectionnel de condensation/évaporation, développé dans le but d'être aussi précis sur les concentrations en nombre et en masse d'une distribution d'aérosols, sous la contrainte d'un petit nombre de sections.

Les performances de l'algorithme développé (HEMEN) sont comparés à celles d'algorithmes existants, de types sectionnels et modaux, pour deux cas d'études. Les résultats de ce travail permettent d'évaluer les différentes approches notamment sur leur pertinence quant au suivi simultané des particules ultrafines, fines et grossières.

Dans ce chapitre, on ne considère que des particules monocomposées afin de se concentrer sur les aspects numériques, aussi parle-t-on indifféremment de masse et volume de particules, les deux étant reliés par la masse volumique du composé chimique.

Solution de l'équation de condensation/évaporation

La condensation/évaporation est un processus de transfert de masse entre la phase gazeuse et la phase particulaire. L'évolution par condensation/évaporation d'une population d'aérosols est décrite par les équations d'advection suivantes sur les distributions en nombre et en masse de particules :

$$\frac{\partial n}{\partial t} + \frac{\partial (I_o n)}{\partial m} = 0 \ , \ \frac{\partial q}{\partial t} + \frac{\partial (I_o q)}{\partial m} = I_0 n \qquad (2.1)$$

Ce type d'équation est difficile à résoudre numériquement car sujet à de la diffusion numérique. De nombreuses méthodes (e.g., Jacobson (1997c); Gaydos et al. (2003); Dhaniyala and Wexler (1996) ont été développées pour l'atténuer.

Le terme I_0 des équations (2.1) est le taux de transfert de masse entre une particule et la phase gazeuse (ou vitesse de grossissement).

$$I_0 = 2 \pi \rho D d_p f(k_n) \frac{V_m A}{R T} (P_b - P_{eq} K_e) \qquad (2.2)$$

où d_p est le diamètre de la particule, ρ la masse volumique, $f(k_n)$ la correction liée au régime des particules qui est fonction du nombre de Knudsen k_n, D le coefficient de diffusion du composé gazeux se condensant dans l'air, P_b la pression partielle du gaz se condensant, P_{eq} la pression de vapeur saturante du gaz, V_m le volume d'une molécule, A la constante d'Avogadro, R la constante des gaz parfaits, T la température, et K_e l'effet Kelvin.

Le sens du transfert est déterminé par la différence entre la pression partielle du composé gazeux dans l'air et la pression de vapeur saturante à la surface de la particule. Si la différence est positive, on parle de condensation, sinon d'évaporation.

La pression de vapeur saturante est corrigée par l'effet Kelvin, qui traduit le fait que la pression de vapeur saturante est plus importante au-dessus d'une surface courbe qu'au dessus d'une surface plane. Cet effet a la formulation suivante :

$$K_e = exp\left(\frac{4 \sigma V_m}{d_p k_b T}\right) \qquad (2.3)$$

où σ est la tension de surface de la particule et k_b la constante de Boltzmann.

L'effet Kelvin est négligeable pour les particules fines et grossières mais se révèle particulièrement important pour les particules ultrafines, dont il provoque, selon les cas, la forte évaporation. Dans tous les cas, il augmente la raideur numérique des équations (2.1).

La résolution des équations (2.1) peut se faire en discrétisant le spectre de taille des aérosols en un certain nombre de sections. Dans une section, notée i, on considère que toutes les particules ont le même diamètre d_{p_i}, qui est le diamètre moyen des particules de la section. Les particules de chaque section sont alors entièrement décrites par deux des trois variables suivantes : la concentration en nombre N_i, la concentration en masse Q_i et le diamètre moyen, qui sont reliées par :

$$Q_i = \frac{\pi}{6}\rho\,(d_{p_i})^3\,N_i \qquad (2.4)$$

Le diamètre moyen est susceptible de croître par condensation ou de diminuer par évaporation. Pour conserver ce diamètre à l'intérieur de la section, il est nécessaire de redistribuer une fraction des particules de la section sur les sections supérieures ou inférieures, en proportion de leur grossissement ou diminution. C'est ce schéma de redistribution qui fait plus particulièrement l'objet de notre étude. Cette redistribution se fait en terme de masse et/ou de nombre, donnant lieu à différents algorithmes.

Schémas numériques

Le schéma lagrangien est un schéma qui ne procède à aucune redistribution. Ce schéma n'est pas praticable en 3D parce que l'équation de conservation de la masse des modèles de chimie-transport ne peut être résolue que sur une grille fixe des tailles des particules. On l'utilise ici avec un grand nombre de sections comme solution de référence en 0D.

Le schéma Euler-Masse est un schéma basé sur la redistribution de la masse et le diagnostic du nombre en utilisant la relation (2.4). C'est le plus couramment utilisé des schémas dans les modèles d'aérosols.

Inversement, le schéma Euler-Nombre redistribue le nombre et diagnostique la masse en s'aidant de (2.4), ce qui permet d'être plus précis sur le suivi des nanoparticules. En effet, celles-ci présentent une concentration en nombre importante et une masse négligeable, contrairement aux particules fines et grossières, pour lesquelles le schéma Euler-Masse est plus adapté.

Le schéma Euler-Couplé, quant à lui, redistribue simultanément le nombre et la masse, ce qui applique une approximation dans l'algorithme de redistribution.

Dans les schémas précédents, la redistribution s'effectue sur les sections adjacentes alors que pour le schéma « Moving-Diameter » (Jacobson (1997c)), le diamètre de chaque section évolue librement, puis le nombre et la masse sont intégralement redistribués dans la section où se trouve le diamètre. Un nouveau diamètre pour chaque section est ensuite diagnostiqué à partir de la relation (2.4).

Le nouveau schéma présenté ici, HEMEN (Hybride d'Euler-Masse et d'Euler-Nombre), utilise Euler-Masse pour les particules fines et grossières et Euler-Nombre pour les nanoparticules, avec un diamètre de coupure de $100\;nm$.

Simulations et inter-comparaisons des schémas numériques

Les schémas précédents sont inter-comparés pour deux cas d'étude qui diffèrent principalement par leurs distributions initiales : l'une issue de mesures de pollution régionale (Seigneur et al. (1986)) et l'autre de mesures en sortie d'un moteur diesel (Kittelson et al. (2006)).

La première distribution est davantage caractérisée par les particules fines et grossières, qui forment l'essentiel de la masse des populations d'aérosols atmosphériques, et permet donc d'évaluer les schémas principalement pour la distribution massique. A l'inverse, la seconde est davantage composée de nanoparticules, qui représentent l'essentiel du nombre, et permet d'évaluer les performances des schémas principalement pour la distribution en nombre.

Comme les modèles modaux sont aussi souvent utilisés dans les modèles de chimie-transport, nous comparons également les différents schémas au modèle modal MAM (Sartelet et al. (2006)).

La figure 2.1a représente l'évolution de la distribution volumique des particules par condensation pour le cas de pollution régionale par condensation, pour les différents schémas, avec 12 sections. De même, la figure 2.1b illustre l'évolution de la distribution numérique des particules émises du moteur diesel par condensation/évaporation avec effet Kelvin.

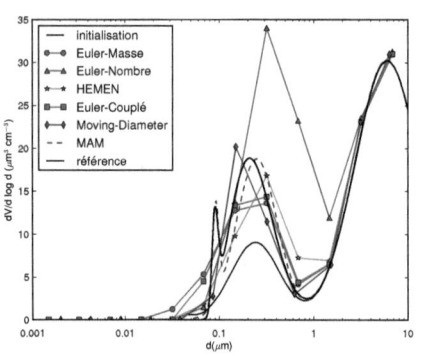
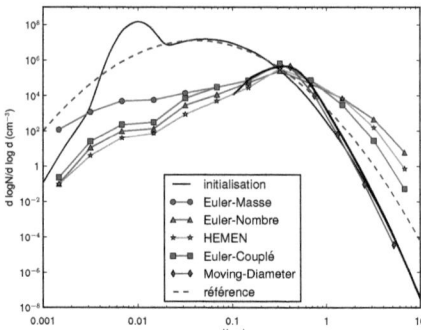

(a) Simulation « régionale »: distribution en volume avant et après 12 heures de condensation.

(b) Simulation « diesel » : distribution en nombre avant et après 3 heures de condensation/évaporation.

Figure 2.1 – Évolution de la distribution des particules pour les deux cas d'étude.

Les tableaux 2.1 et 2.2 présentent les principaux résultats en terme d'erreurs normalisées pour la distribution en masse, en nombre et en logarithme du nombre, pour respectivement la simulation « régionale » et la simulation « diesel ». La solution de référence est un schéma lagrangien avec 500 sections.

Table 2.1 – Erreur moyenne normalisée pour la simulation régionale.

Schéma	Concentration des particules	Nombre de sections	
		6	12
Euler-Masse	N	1061	24.7
	log N	0.76	0.81
	Q	0.11	0.08
HEMEN	N	2.74	0.78
	log N	0.24	0.33
	Q	0.09	0.04
Moving-Diameter	N	0.93	0.20
	log N	0.07	0.01
	Q	0.07	0.09
MAM avec 3 modes	N	0.11	0.11
	log N	0.19	0.34
	Q	0.01	0.05

Table 2.2 – Erreur moyenne normalisée pour la simulation de diesel.

Schéma	Concentration des particules	Nombre de sections	
		6	12
Euler-Nombre	N	0.47	0.49
	log N	1.17	1.21
	Q	1.67	1.13
HEMEN	N	4.43	0.61
	log N	1.20	1.17
	Q	0.22	0.29
Moving-Diameter	N	7.12	0.40
	log N	0.07	0.27
	Q	0.56	0.76
MAM avec 2 modes	N	52.79	52.79
	log N	1.45	1.62
	Q	0.61	0.90

On recherche avant tout un algorithme qui améliore le suivi de la distribution numérique tout en restant acceptable pour la distribution massique. Dans cette perspective, le schéma HEMEN apparaît comme le plus performant par rapport aux schémas classiques de type Euler et au schéma modal. Il est ensuite comparables aux performances du schéma Moving-Diameter. Ce résultat est confirmé par l'étude de la corrélation et des estimations de $PM_{0.1}$, $PM_{2.5}$ et PM_{10}.

Conclusion

Un nouvel algorithme a été développé dans le but de mieux suivre la distribution numérique tout en restant acceptable pour la distribution massique. Cet algorithme (HEMEN) se caractérise par un schéma d'Euler appliqué à la concentration numérique pour les particules ultrafines d'une part, et à la concentration massique pour les particules fines et grossières d'autre part.

Cet algorithme a été comparé aux algorithmes classiques de la littérature, dont Moving-Diameter et les algorithmes modaux, sur deux cas d'études réalistes. Les calculs d'erreurs montrent qu'HEMEN se compare favorablement aux algorithmes existants, en particulier avec un petit nombre de sections.

2.2 Introduction

Aerosol particles are one of the most harmful components of air pollution, and their health effects depend on their size (EPA, 2009; Oberdörster et al., 2005). Current air quality regulations address the mass concentration of particles with nominal mean aerodynamic diameter less than or equal to 2.5 μm ($PM_{2.5}$) and 10 μm (PM_{10}) (EPA, 2009). In addition, ultrafine particles have been a subject of growing concern in recent years because of their multiple sources of emission and potential large number concentrations in indoor air (Géhin et al., 2008; Ji et al., 2010) and outdoor air (Charron and Harrison, 2009; Bang and Murr, 2002; Kumar et al., 2011). In this study ultrafine particles are defined as particles with nominal mean mobility diameter less than or equal to 100 nm (EPA (2009), ISO-27687).

The aim of this work is to develop a new numerical scheme for particle condensation/evaporation which is accurate for particles ranging from ultra fine to coarse particles in confined and free atmospheres (0D and 3D applications).

It is known that the mass concentration is governed by large particles, whereas the number concentration is governed by ultrafine particles. Current air quality models usually focus on the evolution of the mass concentration of particles, which is consistent with existing regulations. As an example, the CHIMERE and Polair3d/Polyphemus chemical transport models (CTM) (Bessagnet et al., 2004; Sartelet et al., 2007) only take into account particles with diameters respectively greater than 40 nm and 10 nm and solve the aerosol general dynamic equation for the mass concentration. Some air quality models simulate also the evolution of the number concentration; however, comparing their results with ambient measurements suggests that they are not as accurate for the number concentration as they are for the mass concentration (e.g., Zhang et al. (2006, 2010c)).

The dynamics of particles is governed by several processes, which are condensation/evaporation, coagulation, nucleation and deposition. In this study, we focus on the condensation/evaporation process, which is usually considered to be the most challenging one due to the thermodynamics involved (gas/particle equilibrium, Kelvin effect) and its numerical issues.

There are three major representations of the particle size distribution (PSD) in air quality models: continuous, sectional and modal. The continuous distribution is the most accurate representation (Debry and Sportisse, 2007), but it can be unstable when too few discretization points are used in three-dimensional (3D) applications. In the modal representation, the PSD is modeled by several lognormal distributions, also called modes. Usually, the modes are: the Aitken nuclei mode, the accumulation mode and the coarse mode (Binkowski and Shankar, 1995; Sartelet et al., 2006). The accuracy of this approach is limited by the number of modes. The modal aerosol model (MAM, Sartelet et al. (2006)) is used and discussed in this study.

In the sectional representation, the particle size spectrum is divided into a finite number of sections (or bins), and the PSD is approximated by the integrated number, surface, mass or volume concentrations over each section, depending on the particle characteristics of interest (Debry et al., 2007; Gelbard et al., 1980; Jacobson and Turco, 1995; Seigneur, 1982; Seigneur et al., 1986; Zhang et al., 1999). The sections are internally mixed, i.e. particles in a section have the same chemical composition and the same representative diameter. The accuracy of a sectional model depends strongly on the number of sections used to solve the aerosol dynamics.

Current sectional models can be divided in three approaches: the Lagrangian, the semi-Lagrangian and the Eulerian approach. In the Lagrangian approach the particles are allowed to grow to their exact size and the particles are not redistributed over the fixed size grid. The semi-Lagrangian approach was developed by Jacobson (1997a,b). Using this approach, the sections are fixed and the average diameter is allowed to vary within its size section, while in the Eulerian approach, the mean diameters representative of each section are fixed. Although the semi-Lagrangian approach has been shown to be very accurate because it eliminates numerical diffusion (Zhang et al., 1999), it could lead to empty sections in some 0D case studies without constant emissions. Therefore, the aim of this study is to develop a numerical scheme based on the fixed-diameter approach that is able to be as accurate as the semi-Lagrangian approach, and that would not experience empty sections even in the absence of emissions.

Since we focus on the numerical issues, we do not consider the chemical multi-component particle case. Nevertheless, the condensing chemical species were selected to be representative of the case studies considered as described in sections 2.5 and 2.6. In the models presented here, particulate and gas phases are assumed to be in thermodynamic equilibrium.

First, we present the equations for particle condensational growth and shrinkage by evaporation. Then, we detail the numerical standard schemes and the newly developed ones used to solve such processes. The performance for the simulation of both mass and number concentrations of these algorithms is evaluated using a reference solution (section 2.4.3) with two case studies, one representing regional pollution and the other one representing the exhaust plume from a diesel engine. These schemes are also compared with the results obtained with the semi-Lagrangian approach and MAM. Finally, concluding remarks and recommendations for the choice of suitable algorithms are provided.

2.3 Modeling

2.3.1 Particle size distribution

The number PSD is usually represented by a continuous distribution:

$$m \mapsto n(m,t) \qquad (2.5)$$

such that $n(m,t)\,dm$ stands for the particle number concentration ($\#.m^{-3}$) whose single particle mass (μg) lies between m and $m + dm$.

Together with the number PSD, we have the mass PSD:

$$m \mapsto q(m,t) \qquad (2.6)$$

such that $q(m,t)\,dm$ stands for the particle mass concentration ($\mu g.m^{-3}$) with a single particle mass between m and $m + dm$.

Mass and number distributions are related by the single particle mass: $q(m,t) = m\,n(m,t)$.

In our case of single component particles, the particle density, ρ, is constant, therefore, mass and volume distributions are equivalent. However, the following numerical schemes can easily be modified to account for variable particle densities.

2.3.2 Condensation/evaporation equation

The evolution of the number and mass PSD with time is represented by the dynamic equations for condensation/evaporation, which is equivalent to an advection equation over the particle size spectrum (Seinfeld and Pandis (1998)):

$$\frac{\partial n}{\partial t} + \frac{\partial (I_o n)}{\partial m} = 0 \;,\; \frac{\partial q}{\partial t} + \frac{\partial (I_o q)}{\partial m} = I_0 n \qquad (2.7)$$

where I_0 ($\mu g.s^{-1}$) is the mass transfer rate between the bulk air and one particle. It depends on the particle diameter d_p and the gas concentration gradient between the bulk air and the thin air layer surrounding the particle:

$$I_0(d_p,t) = 2\,\pi\,D\,d_p\,f(k_n)\,(c_b(t) - c_s(d_p,t)) \qquad (2.8)$$

where D is the molecular diffusivity of the condensing and/or evaporating molecule in air. The Knudsen number k_n is defined as the ratio of the free mean path of the gas molecules in air λ_g and the particle radius, $k_n = \frac{2\lambda_g}{d_p}$. The function $f(k_n)$ (Fuchs and Sutugin, 1971) of the Knudsen number accounts for non-continuous effects due to the fact that the continuous expression for I_0 is not valid

35

for large Knudsen numbers. The bulk gas and particle surface concentrations are respectively denoted c_b and c_s ($\mu g.m^{-3}$).

c_s is the saturation vapor concentration over the surface of the particle. It is instantly determined by thermodynamic equilibrium of the component between the gas and particle phases.

The gas equilibrium concentration c_{eq} is the saturation vapor concentration on a plane surface. In our case of a single component, the gas concentration at the particle surface is the gas equilibrium concentration c_{eq} multiplied by the Kelvin effect K_e to account for the curvature of the particle surface:

$$c_s = K_e\, c_{eq}\,, \quad K_e = \exp\left(\frac{4\,\sigma\,V_m}{d_p\,k_b\,T}\right) \qquad (2.9)$$

with V_m the component molecular volume, k_b the Boltzmann constant, T the temperature, and σ the particle surface tension. The Kelvin effect is usually negligible for particles larger than 0.1 μm, but it is effective for ultrafine particles, notably by enhancing evaporation. The gas equilibrium concentration c_{eq} depends only on temperature.

From (2.8) one can derive the volume transfer rate:

$$I_0^v(d_p, t) = 2\,\pi\,D\,d_p\,f(k_n)\frac{V_m\,A}{R\,T}\,(P_b - P_{eq}\,K_e) \qquad (2.10)$$

with A the Avogadro number and R the ideal gas law constant. P_b and P_{eq} are respectively the bulk and equilibrium partial vapor pressures of the component, which are related to c_b and c_{eq} by the ideal gas law.

2.3.3 The sectional approach

For most atmospheric applications, the aerosol mass size spectrum usually lies between one single mass m_0 corresponding to a nucleation diameter around 0.001 μm, and one single mass $m_{\max}$, which corresponds to a diameter around 10 μm.

The sectional approach consists in dividing the aerosol mass range into a number b of sections $[m_i^-, m_i^+]$, $i = 1, \cdots, b$ such that $m_i^+ = m_{i+1}^-$, $m_1^- = m_0$ and $m_b^+ = m_{\max}$.

We then define integrated quantities over each section:

$$N_i = \int_{m_i^-}^{m_i^+} n(m, t)\, dm\,, \quad Q_i = \int_{m_i^-}^{m_i^+} q(m, t)\, dm \qquad (2.11)$$

where N_i ($\#.m^{-3}$) and Q_i ($\mu g.m^{-3}$) are respectively the number and mass concentrations in the section labeled i.

In our case, the volume concentration V_i ($\mu m^3.m^{-3}$) is simply:

$$V_i = \frac{Q_i}{\rho} \qquad (2.12)$$

We define a representative diameter d_{p_i} (μm) in each section. Numerical treatment assumes that particles within each section are fully described by any two of the three following variables:
— the number concentration
— the volume concentration
— the representative diameter
using the relation:

$$V_i = \frac{\pi}{6} (d_{p_i})^3 N_i \qquad (2.13)$$

Indeed, one of these three variables can always be diagnosed from the two others.

The key point in solving condensation/evaporation with the sectional approach is to choose which variables to conserve through the algorithm and which to diagnose, keeping the three variables related with Equation (2.13).

The sectional approach becomes more accurate as the number of sections increases. However, as the model is developed in the framework of 3D operational applications, only a small number of sections can be used so that the computer time requirement remains reasonable. As an example, the CTM CHIMERE typically uses 8 sections (Bessagnet et al., 2004), Polyphemus uses 5 to 10 (Sartelet et al., 2007) and CMAQ-Madrid has been applied with 2, 8, 12 and 24 sections (Pun et al., 2006; Zhang et al., 2004, 2010c).

2.3.4 The modal representation

In the modal representation (e.g., MAM), the PSD is usually represented by three or four modes (two or three in the fine range, one in the coarse range). Each mode is characterized by a log-normal number (or volume) distribution which parameters are the total number (or volume) concentration, the dry median diameter, and the standard deviation (see Appendix A.1). For each mode, the dynamic equation is solved for three moments (moments of order 0, 3 and 6 for example in MAM). The condensation rate equations are integrated with a fourth-order Gauss-Hermite quadrature.

2.4 Numerical schemes for the sectional representation

2.4.1 Eulerian, Lagrangian and semi-Lagrangian approaches

Once the size spectrum is discretized, condensation/evaporation can be solved either by an Eulerian, a Lagrangian, or a semi-Lagrangian approach.

In the Lagrangian approach, the section boundaries are allowed to grow and shrink with condensation/evaporation together with the representative diameter. Thus, the number concentration in each section remains constant with respect to time, as condensation/evaporation does not affect the number of particles but only their mass. Following Debry and Sportisse (2005), the mass transfer rate for section labeled i is:

$$\frac{dQ_i}{dt} = \frac{d}{dt}\int_{\bar{m}_i^-}^{\bar{m}_i^+} q(m,t)dm = \int_{\bar{m}_i^-}^{\bar{m}_i^+} I_0(m,t)n(m,t)dm \simeq N_i(t)I_0(d_{p_i},t)$$

(2.14)

where we denote $\bar{m}_i^\pm$ the moving boundaries of the section i, and $I_0 n$ is the mass flux between the bulk gas phase and particles of mass m. The integral in Equation (2.14) is approximated by the product between the number concentration in section i and the mass transfer rate taken at the section representative diameter. As there is no flux transfer between sections, the Lagrangian approach eliminates numerical diffusion. However, it cannot be used in 3D Eulerian models because they require a fixed aerosol size discretization throughout the grid.

To overcome the limitation of Lagrangian schemes, semi-Lagrangian schemes have been developed. Their common characteristics are to let sections grow and shrink to their exact size, in the Lagrangian fashion, and then to redistribute quantities when needed over the fixed initial particle size grid, allowing their use in 3D Eulerian models. One of their advantage is to limit numerical diffusion as sections can move to their exact size. Nevertheless, the redistribution step, which occurs when one of the section diameters increases or decreases beyond the section boundaries, introduces numerical errors on either mass or number concentration, depending on the redistribution scheme.

In the Eulerian approach, the aerosol size discretization remains fixed and fluxes are computed at the section boundaries. In each section, the number (or mass) concentration is then the difference between the entering and leaving fluxes within one time step. It is known that this approach usually brings numerical diffusion due to the fluxes computation (Dabdub and Nguyen, 2002; Debry, 2004;

Jacobson and Turco, 1995).

Currently, most condensation/evaporation models redistribute the mass concentration, and then diagnose the number concentration with Equation (2.13). Such algorithms are, therefore, poorly adapted to simulate accurately the number concentration. One exception is the semi-Lagrangian approach, which is discussed below.

Here, we propose a new redistribution scheme that is better adapted to the number concentration of ultrafine particles, and that remains also accurate for the mass concentration of fine and coarse particles.

2.4.2 Redistribution algorithms

In this section, we focus on redistribution schemes, which are a crucial aspect of semi-Lagrangian and Eulerian approaches.

The particles in each section are assumed to have the same properties. The sections are characterized by a representative diameter, a mass/volume concentration, and a number concentration. At one given time t, we assume that all sections satisfy Equation (2.13). During one time step Δt, sections grow or shrink to their exact size diameter. According to the Lagrangian approach, new quantities for each section i are as follows after this time step:

$$N_i(t+1) = N_i(t), \quad Q_i(t+1) = Q_i(t) + \Delta Q_i \qquad (2.15)$$

The exact new particle size is defined by the new representative diameter:

$$d_{p_i}(t+1) = \left(\frac{6 Q_i(t+1)}{N_i(t) \rho \pi} \right)^{\frac{1}{3}} \qquad (2.16)$$

where we used the fact that the number of particles remains constant.

In this study, we use three different size structures: the Lagrangian, the semi-Lagrangian, also referred to as the quasi-stationary, and the Eulerian size structure. These structures are described elsewhere (Jacobson and Turco, 1995; Jacobson, 1997a). In these structures, size section boundaries are defined at the beginning of the simulation.

Under a Lagrangian size structure, particles in each section grow and evaporate to their exact sizes, eliminating numerical diffusion during growth and shrinkage. However, the diameters are allowed to move all over the size spectrum, therefore, they are not kept between the boundaries of the sections. That makes this size-structure impractical for 3D modeling.

In an Eulerian size structure, the sections and the representative diameter are fixed, using redistribution, therefore, it is suitable for 3D applications. This approach was formulated in its simplest form (Euler algorithm) by Gelbard and

Seinfeld (1980) and by Seigneur (1982). When mass or number concentrations are redistributed to a larger or a smaller section, it redistributes itself uniformly throughout the section. Thus, this redistribution leads to numerical diffusion. Although advanced numerical techniques may be used to minimize numerical diffusion, they may increase computational costs and/or lead to numerical artefacts (Zhang et al., 1999).

A third structure that not only maintains the advantageous features of the Eulerian structure but also minimizes numerical diffusion is used in this study. The representative diameter of the particle within the size section is allowed to vary. Here, at the end of the simulation, particles are redistributed over the fixed size grid and a new representative diameter is calculated for each section. Although the implementation of the redistribution algorithm is different for 3D applications, our implementation is appropriate for this 0D study. Thus, this structure is called the semi-Lagrangian size structure. It was developed by Jacobson (1997a,b) and has been used for 3D applications by others as well (e.g., Zhang et al. (2010c)).

The differences in computer time requirement for each of the three structures have to be taken into account. Clearly, the simulation under a Lagrangian structure requires less cpu-time because no redistribution is needed. The semi-Lagrangian size structure, which only needs one redistribution at the end of the simulation, gives better results in terms of cpu-time than the Eulerian size structure, which requires a redistribution at each time step.

When redistribution occurs, particles which are moved to a larger (or smaller) section are averaged with the particles of that section, which have a different representative diameter. When one assumes that all particles have the same mean diameter, this approximation leads to a loss of information and some numerical error.

We describe below the redistribution algorithms for the six sectional algorithms used here. The redistribution schemes are described here for condensation in section i. The same schemes can be rewritten for evaporation, using $i - 1$ instead of $i + 1$.

- **Lagrangian scheme**
  Under a Lagrangian structure, particles are not redistributed over the sections and the diameter is allowed to move freely among the sections. Although, this Lagrangian scheme cannot be used in 3D, where a fixed size grid is needed, it is used here to provide a reference solution using a very large number of sections, as there is no analytical solution for general cases of condensation/evaporation representative of atmospheric conditions.

— **Euler-Mass**
This scheme is the most commonly used in 3D models that simulate the aerosol dynamics. Under an Eulerian structure, one redistributes the mass and, using the representative diameter of the section, the number is diagnosed using Equation 2.13. At time t, the mass concentration amount from section i that is transferred to the section $i + 1$, labelled $Q^{trans}_{i \to (i+1)}(t)$ is calculated as follows (Gelbard et al., 1980; Seigneur, 1982):

$$Q^{trans}_{i \to (i+1)}(t) = \left(\Delta Q^{cond}_i + Q_i(t)\right) \frac{\log(\widetilde{d}_{p_i}(t)) - \log(d_{p_i}(t))}{L_i}$$

where :
— ΔQ^{cond}_i the mass variation due to condensation
— $\widetilde{d}_{p_i}$ is the temporary diameter of the section i after condensation and before redistribution
— L_i stands for:

$$L_i = \log \frac{d_{p_{i+1}}(t)}{d_{p_i}(t)}$$

Finally,

$$Q_{i+1}(t+1) = Q_{i+1}(t) + Q^{trans}_{i \to (i+1)}(t) - Q^{trans}_{(i+1) \to (i+2)}(t)$$

This scheme is appropriate to simulate the evolution of the mass concentration (albeit with numerical diffusion), but gives erroneous results for the number concentration.

— **Euler-Number**
This is the equivalent of Euler-Mass but for the number concentration: under an Eulerian structure, we redistribute the number and diagnose the mass. Therefore, as the condensation does not affect the number of particles in a section, the equations become:

$$N^{trans}_{i \to (i+1)}(t) = N_i(t) \frac{\log(\widetilde{d}_{p_i}(t)) - \log(d_{p_i}(t))}{L_i}$$
$$N_{i+1}(t+1) = N_{i+1}(t) + N^{trans}_{i \to (i+1)}(t) - N^{trans}_{(i+1) \to (i+2)}(t)$$

The results given by this scheme are reasonably accurate for the evolution of the number concentration but are erroneous for the mass concentration.

— **Euler-Coupled**
Under an Eulerian structure, we redistribute both number and mass, with the following algorithm:

$$Q_i(t+1) = \left(Q_i(t) + \Delta Q_i^{cond}\right) \frac{1 - \frac{d_{p_{i+1}}(t)}{d_{p_i}(t)}}{1 - \frac{d_{p_{i+1}}(t)}{d_{p_i}(t)}}$$

$$N_i(t+1) = N_i(t) \frac{\widetilde{d}_{p_i}(t)^3 - d_{p_{i+1}}(t)^3}{d_{p_i}(t)^3 - d_{p_{i+1}}(t)^3}$$

$$Q_{i+1}(t+1) = \left(Q_i(t) + \Delta Q_i^{cond}\right) \frac{1 - \frac{d_{p_i}(t)}{d_{p_i}(t)}}{1 - \frac{d_{p_i}(t)}{d_{p_{i+1}}(t)}}$$

$$N_{i+1}(t+1) = N_i(t) \frac{\widetilde{d}_{p_i}(t)^3 - d_{p_i}(t)^3}{d_{p_{i+1}}(t)^3 - d_{p_i}(t)^3}$$

— **Moving-Diameter**
The Moving-Diameter scheme (Jacobson, 1997a) uses the semi-Lagrangian size-structure where the average diameter of each section is allowed to move among the sections, during all the simulation. Here, we proceed to a single redistribution at the end of the simulation. If the average diameter of the particles of section i is between the bounds of section j then, all particles of section i are moved to section j and a new representative diameter is calculated for section j (the diameters are averaged using an arithmetic mean weighted by the mass associated with each diameter). Because all particles are moved and are not distributed over two or more sections, the numerical diffusion is eliminated during this step, however, some sections may be empty after the overall redistribution.

— **HEMEN**
HEMEN (Hybrid of Euler-Mass and Euler-Number) is the new scheme presented in this study, it uses Euler-Number for ultrafine particles and Euler-Mass for fine and coarse particles, setting the cut-off diameter at $100\ nm$ (which gives the best results). Briefly, a number-redistribution is performed for the sections with a representative diameter under $100\ nm$ and a mass redistribution is performed for the sections with a representative diameter above $100\ nm$. The mass concentrations are diagnosed for the ultrafine sections and the number concentrations are diagnosed for the fine and coarse sections using the representative diameters of the sections and Equation 2.13. Thus, we use the scheme that is more accurate for the

number concentrations over the size range where number concentrations are highest and the scheme that is more accurate for the mass concentrations over the size range where mass concentrations are highest. As a result, the erroneous results of the Euler schemes are limited to size ranges where either number or mass concentrations are negligible.

2.4.3 Inter-comparison of the schemes with two case studies

To ensure that the new model is accurate for both ultrafine and fine particles, we compared it against the reference solution and the other standard schemes with two case studies. These two case studies, which are based on realistic log-normal size initial distributions, are described in the next sections.

The reference solution is provided by a Lagrangian scheme using 500 sections. Because the discretization is quite accurate (high number of sections used) and particles are allowed to grow to their exact size (no redistribution), the results are not very sensitive to a larger number of sections. For example, for the first case study, the difference between the results with 500 and 1000 sections was 0.03% for the mass concentration and 3% for the number concentration.

During computation, the time step is kept constant and chosen so that when the sectional schemes are used, the diameter growth or shrinkage does not exceed the section boundaries.

2.5 First case study: regional pollution

2.5.1 Initial conditions and simulation characteristics

This case study corresponds to the regional haze scenario used by Seigneur et al. (1986) and Zhang et al. (1999) in their inter-comparisons of algorithms for coagulation and condensation. It consists in the condensation of a non-volatile chemical species (sulfuric acid) on an existing PSD. This initial PSD presents three modes (see Table 2.3). Most of the mass is present in the coarse and accumulation modes so that various condensation algorithm can be tested for fine and coarse particles (i.e. covering $PM_{2.5}$ and PM_{10}).

Table 2.3 – Initial log-normal size distributions used in the regional hazy pollution case study (after Seigneur et al. (1986))

Mode Parameters	Regional PSD
Mean diameter (μm)	
d_{V_n}	0.044
d_{V_a}	0.24
d_{V_c}	6.0
Standard deviation	
σ_n	1.2
σ_a	1.8
σ_c	2.2
Total volume ($\mu m^3 cm^{-3}$)	
V_n	0.09
V_a	5.8
V_c	25.9

subscripts n, a, and c refer to nuclei, accumulation and coarse modes, respectively.

We treat the constant condensation of sulfuric acid on this initial PSD, so that we can first test the schemes for the condensation process only. Here, the sulfuric acid condensation rate is 5.5 $\mu m^3 cm^{-3}$ per 12 hours. The simulation results (after 12 hours) are comparable to those obtained by Seigneur et al. (1986). Simulations are conducted with the five sectional schemes, with MAM and with the Lagrangian scheme as a reference. For the sectional schemes, four different resolutions of the PSD were used: 6, 12, 24 and 48 sections, uniformly distributed between 1 nm and 10 μm on a logarithmic scale. For a given simulation, the sections have the same size on a log d_p scale.

2.5.2 Results

Figures 2.2 and 2.3 show the number and volume PSD obtained with 12 sections, which is a typical size resolution for 3D applications, with the sectional schemes, with MAM, and with the reference scheme.

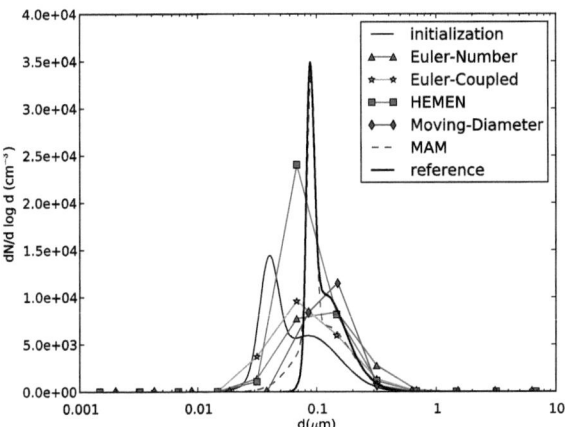

Figure 2.2 – Simulation of condensation for the regional hazy pollution case study: number distribution initially and after 12 hours.

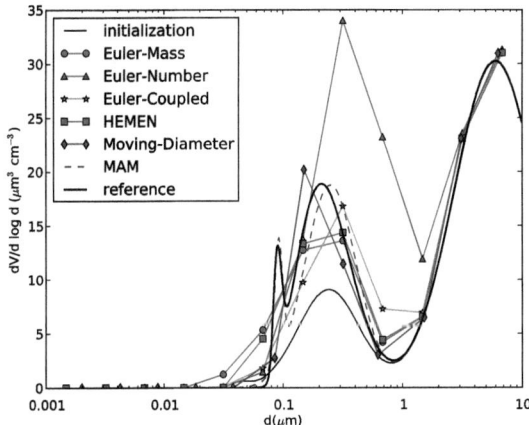

Figure 2.3 – Simulation of condensation for the regional hazy pollution case study: volume distribution initially and after 12 hours.

In this simulation, there is no evaporation as sulfuric acid is non-volatile. Therefore, with all the schemes, the number and volume concentration distributions have moved toward larger sizes, as they are experiencing condensation. The reference reproduces with accuracy the results obtained by Seigneur et al. (1986). With all the schemes, the number and volume concentration distributions have moved toward larger sizes, as expected. However, the various schemes reveal some significant differences in the PSD shape. During the time of the simulation, sulfate has condensed on all sections but condensation had more effect on particles under 0.1 μm. In fact, the coarse mode is little affected by the condensation process, which can be explained by the fact that condensation occurs more effectively on small particles, because of their greater surface available for condensation. Therefore, a much more longer simulation would be needed to observe some modification of the coarse mode.

The volume distribution peak which appears in Figure 2.3 at 0.09 μm (nuclei mode peak) is due to the growth of the initial nuclei mode, visible on the number PSD (Figure 2.2) from 0.03 μm to $0, 1 \mu m$. This growth is well reproduced by MAM but not by the other schemes because the sectional size resolution (12 sections in these figures) is not fine enough. Indeed, Moving-Diameter needs at least 20 sections to reproduce it, as for the Euler schemes, they need at least 300 sections to reproduce this nuclei peak. The accumulation mode of the volume distribution is reproduced quite well by all the schemes. In the reference, its mean diameter decreases slightly, which can be explained by the increasing number of particles available for condensation coming from lower sections. The nuclei peak and the accumulation mode mean diameter with MAM are higher than the ones with the reference. This shows that not enough particles are transferred from the nuclei mode to the accumulation mode with the modal aerosol model. Euler-Mass and HEMEN have nearly the same volume distribution at the end of the simulation because most of the volume concentration comes from particles above 100 nm, where a mass-redistribution is used for both schemes.

The results of the simulation for the number distribution show that the standard deviations of the nuclei and accumulation modes decrease as condensation occurs preferentially on the small particles. Therefore, as particles grow, they are less and less affected by condensation and the modes tend to shrink. Euler-Mass is not shown in Figure 2.2 because it is unstable for the number concentration of the smallest particles (sections 1 and 2) with 12 sections (this instability disappears with 24 or more sections). Euler-Number clearly overestimates the volume concentration in sections 8 and 9, but this problem, like the instability of Euler-Mass, disappears with a greater number of sections (25 for example is sufficient).

For the number distribution, it appears that MAM ans HEMEN are the closest to the reference. Among the sectional schemes, HEMEN is the closest to the reference, and is the one which reproduces best the nuclei mode peak. However this peak diameter is lower than that of the reference, and it is distributed over 2 sections, which leads to some error. For the volume distribution, all schemes, except Euler-Number, perform reasonably well. A more detailed scheme inter-comparison is presented next using the performance statistics of each scheme with respect to the reference simulation.

2.5.3 Performance Statistics: normalized mean error

The normalized mean error is calculated for each scheme with respect to the reference with 500 sections (see Appendix A.2 for the error formula). To do so, the 500 sections of the reference number and mass PSD are redistributed over the 6, 12, 24 or 48 sections of the fixed size grid used for the various schemes. The results, labeled N_{ref} and Q_{ref} for number and mass PSD respectively, are used in all the performance statistics. Table 2.4 presents the normalized mean error with respect to N_{ref} and Q_{ref} for each scheme.

Because the number concentration varies significantly over the whole particle size range, the error for the number concentration is also presented using log N. Therefore, results are presented for N, log N, and Q.

Table 2.4 – Normalized mean error for the regional hazy simulation.

Scheme	Particle Concentration	Number of sections			
		6	12	24	48
Euler-Mass	N	1061	24.7	1.66	1.02
	log N	0.76	0.81	0.61	0.32
	Q	0.11	0.08	0.06	0.08
Euler-Number	N	0.07	0.30	0.41	0.42
	log N	0.28	0.37	0.26	0.19
	Q	3.45	0.53	0.19	0.12
Euler-Coupled	N	0.43	0.37	0.57	0.49
	log N	0.34	0.43	0.31	0.22
	Q	0.25	0.14	0.09	0.08
HEMEN	N	2.74	0.78	0.25	0.36
	log N	0.24	0.33	0.23	0.18
	Q	0.09	0.04	0.04	0.06
Moving-Diameter	N	0.93	0.20	0.20	0.24
	log N	0.07	0.01	0.01	0.01
	Q	0.07	0.09	0.09	0.12
MAM with 3 modes	N	0.11	0.11	0.17	0.21
	log N	0.19	0.34	0.33	0.35
	Q	0.01	0.05	0.06	0.09

As expected, Euler-Mass provides acceptable results for the mass concentration ($< 10\%$ error with 12 or more sections) while Euler-Number gives acceptable results for the number and log-number concentrations ($< 40\%$ error for N and log N).

Euler-Coupled simulates reasonably well the mass and number concentrations evolution, but is not as accurate for the number concentration as Euler-Number and not as accurate for the mass concentration as Euler-Mass.

HEMEN is the best Euler scheme, it is even better for the log-number (and the number for 24 and 48 sections) than Euler-Number and better for the mass than Euler-Mass. This can be explained by the very low mass concentration in the first part of the size spectrum (under $100\ nm$), where HEMEN does number-redistribution and the very low number concentration in the second part, where HEMEN does mass-redistribution. It seems that the error is lower when the variable redistributed is the one that is predominant in the section.

With Moving-Diameter, the redistribution is significant (all the mass and number concentrations are redistributed), which increases the probability of getting empty sections in this particular 0D study. This explains why the error tends to grow with the number of sections. Otherwise, the fact that we do only one redistribution leads to less numerical diffusion than with the other schemes, therefore, the error remains small.

The error of MAM tends to increase with the number of sections used as the modal PSD is redistributed over finer sections. This is because, as we can see in Figures 2.2 and 2.3, the results are slightly staggered with respect to the reference. Therefore, the total amount in terms of mass or number concentration is similar to that of the total amount of the reference for a coarse section, but with a finer discretization, this difference generates a larger error. Still, for the N error, MAM remains better than Euler scheme, but HEMEN performs better for the Q and the log N errors. In this case study, the error is typically more important for the number or the log-number concentration than it is for the mass concentration, except for Moving-Diameter (N and log N) and MAM (N).

Considering every number of sections except 6, Moving-Diameter shows the best performance for the log-number concentration, closely followed by HEMEN. For the number concentration, MAM performs best ahead of Moving-Diameter, and for the mass concentration, HEMEN provides the best results.

Nevertheless, with 6 sections, Euler-Number gets the lowest N error, MAM become better than HEMEN for the log N error (Moving-Diameter keeping the first place), while Moving-Diameter and MAM performs better than HEMEN for the Q error.

2.5.4 Performance Statistics: correlation

Correlation results for the regional simulation are given in Table 2.5. The correlation coefficient equation is presented in Appendix A.3.

Table 2.5 – Correlation coefficients for the regional hazy simulation.

Scheme	Particle Concentration	Number of sections			
		6	12	24	48
Euler-Mass	N	-0.31	-0.13	0.40	0.59
	log N	-0.24	0.01	0.31	0.69
	Q	0.99	0.99	0.99	0.99
Euler-Number	N	0.99	0.97	0.90	0.86
	log N	0.73	0.64	0.77	0.85
	Q	0.42	0.79	0.95	0.98
Euler-Coupled	N	0.87	0.91	0.82	0.82
	log N	0.58	0.52	0.69	0.81
	Q	0.94	0.97	0.99	0.99
HEMEN	N	0.68	0.88	0.96	0.87
	log N	0.74	0.65	0.79	0.86
	Q	0.99	0.99	0.99	0.99
Moving-Diameter	N	0.68	0.97	0.97	0.97
	log N	0.98	0.99	0.99	0.99
	Q	0.99	0.98	0.98	0.97
MAM with 3 modes	N	0.99	0.99	0.99	0.98
	log N	0.81	0.71	0.73	0.72
	Q	0.99	0.99	0.99	0.99

As expected, Euler-Mass is poorly correlated with the number or the log-number concentration. Euler-Number is poorly correlated with the mass concentration when 12 or fewer sections are used. Euler-Coupled performs reasonably well for mass, but shows poorer performance for N and log N than most other schemes. The correlation results of MAM decrease slightly with the number of sections for log N. MAM has the highest correlation coefficients for number concentration, while Moving-Diameter has the highest correlation coefficients for the log-number concentration. Aside from Euler-Number, all the schemes show strong correlations for the mass, Euler-Mass, HEMEN and MAM providing the best results. However, the correlation coefficients are typically poor for the number or the log-number concentration, except for Moving-Diameter (N and log N) and MAM (N). These results are consistent with the error results.

2.5.5 PM and PN estimations

We denote PN_x (Particle Number) the sum of the number concentrations of all the sections for which the representative diameter is less than x μm and PM_x (Particulate Matter) the sum of the mass concentrations of all the sections for which the representative diameter is less than x μm.

While the PM_x notation is commonly used in aerosol studies, the PN_x notation has been created for this study. Indeed, as the objective is to simulate the number concentration in addition of the mass concentration, to follow the amount of particles under a chosen diameter gives a better assessment of the evolution of each size class. Thus, it provides quantitative information about the accuracy of the different number estimations made for each size class.

We have calculated $PN_{0.1}$, $PM_{0.1}$, PN_1, PM_1, $PN_{2.5}$, $PM_{2.5}$, PN_{10}, and PM_{10} for each scheme using 12 sections. These values can be compared to the ones obtained with the reference to assess whether a scheme over- or under-estimates the concentration of the particle, in terms of number or mass.

The PM_x and PN_x estimations for every schemes with 12 sections, for MAM and for the reference are presented in Table 2.6.

Table 2.6 – PN_x ($\#.m^{-3}$) and PM_x ($\mu g.m^{-3}$) for the regional hazy simulation.

Scheme*	Particle Characteristics	Cut-off diameter x (μm)			
		0.1	1	2.5	10
Euler-Mass	PN_x	1×10^{11}	1×10^{11}	1×10^{11}	1×10^{11}
	PM_x	3	20	26	55
Euler-Number	PN_x	2×10^9	6×10^9	6×10^9	6×10^9
	PM_x	0.78	42	51	80
Euler-Coupled	PN_x	6×10^9	6×10^9	6×10^9	6×10^9
	PM_x	1	25	39	55
HEMEN	PN_x	7×10^9	1×10^{10}	1×10^{10}	1×10^{10}
	PM_x	2	20	26	54
Moving-Diameter	PN_x	4×10^9	6×10^9	6×10^9	6×10^9
	PM_x	2	22	39	55
MAM with 3 modes	PN_x	3×10^9	6×10^9	6×10^9	6×10^9
	PM_x	2	20	26	54
Reference	PN_x	2×10^9	6×10^9	6×10^9	6×10^9
	PM_x	1	20	26	55

*The five sectional schemes are applied with 12 sections. MAM and the reference were redistributed over a 12 sections grid.

Euler-Mass clearly overestimates PN_x and Euler-Number clearly overestimates PM_x, due to the fact that some significant error is introduced when the secondary variable is diagnosed with Equation 9.

For the total number of ultrafine particles ($PN_{0.1}$), Euler-Number offers the best performance (within 10% of the reference), whereas MAM and Moving-Diameter are within a factor of two. For the total mass of ultrafine particles ($PM_{0.1}$), Euler-Coupled offers the best performance (within 2% of the reference), whereas HEMEN and Moving-Diameter are within a factor of two. Euler-Mass performs poorly for $PM_{0.1}$, which confirms the fact that ultrafine particles should be simulated using the number rather than the mass concentration. For PN_1, $PN_{2.5}$ and PN_{10}, aside from Euler-Number, MAM, Moving-Diameter, and Euler-Coupled provide the best results. HEMEN suffers from the Euler-Mass redistribution (these two schemes do not conserve the number which must be diagnosed at each time step), therefore it overestimates PN_1, $PN_{2.5}$, and PN_{10} by almost 4×10^9 $\#.m^{-3}$ which represents 65% of the total number concentration, while Euler-Mass overestimates these PN_x by 1.50×10^{11} $\#.m^{-3}$ (i.e. a factor of 25).

Therefore, even if HEMEN overestimates the number concentration, it improves greatly the estimation given by Euler-Mass.

For PM_1, $PM_{2.5}$ and PM_{10}, MAM, Euler-Mass and HEMEN perform very well (within 0.2% of the reference).

The results are nearly the same with all the schemes for PM_{10} (i.e. the total mass concentration in our model simulations), except for Euler-Number where the mass is diagnosed at each time step thereby generating an overestimation. HEMEN diagnoses the number under 100 nm and the mass above 100 nm so the mass is not completely conserved with HEMEN either; nevertheless, since mass is present mostly in the upper size range, the difference with Euler-Mass remains small. However, the number concentration above 100 nm is not negligible, which explains the poor PN_x estimation of HEMEN. HEMEN would perform better if the total number concentration was concentrated under 100 nm.

In summary, Euler-Number, MAM and Moving-Diameter perform best for PN_x while Euler-Mass and HEMEN perform best for PM_x.

2.6 Second case study: the diesel vehicle exhaust

2.6.1 Initial conditions and simulation characteristics

Ultrafine particles are formed in the exhaust plumes of diesel engines that are not equipped with a particle filter (Morawska et al., 2008; Charron and Harrison, 2009; Seigneur, 2009). Therefore, a PSD typical of the exhaust plume of a diesel engine exhaust was selected along with the gas/particle conversion of a semi-volatile organic compound (nonadecane). A typical diesel engine emission initial distribution from Kittelson et al. (2006) is used here.

Unlike the regional initial distribution, this distribution presents only two modes (see Table 2.7 for the characteristics of the modes), corresponding to a nucleation mode of sulfate and organic (assumed to be mostly semi-volatile material) particles and a mode of primary soot particles. Because of the nucleation process, there is a very high number of ultrafine particles. Therefore, the use of both case studies ensures us that the schemes are tested for the evolution of volume and number concentrations over the full range of particle sizes, including ultrafine, fine, and coarse particles (i.e. covering $PM_{0.1}$, $PM_{2.5}$ and PM_{10}).

Table 2.7 – Initial log-normal size distribution used in the diesel vehicle exhaust case study (after Kittelson et al. (2006)).

Parameters	Diesel PSD
Mean diameter (μm)	
d_{N_n}	0.011
d_{N_a}	0.17
Standard deviation	
σ_n	1.27
σ_a	1.9
Total volume ($\mu m^3 cm^{-3}$)	
V_n	26.4
V_a	4878

We study the gas/particle conversion of nonadecane ($C_{19}H_{40}$), which has a reference saturation vapor pressure of 6.1×10^{-4} Pa at $T = 298$ K, therefore, evaporation is allowed in usual atmospheric conditions and we may test the joint occurrence of condensation and evaporation due to the Kelvin effect (to that end, particles are assumed here to consist solely of nonadecane). No fixed condensation rate is used in this case study; instead the bulk nonadecane vapor pressure is computed at each time step using mass conservation between both phases, thereby assuming that the simulation takes place in a closed space.

Figure 2.4 shows the partial gas pressure of nonadecane at the beginning of the simulation and its saturation vapor pressure multiplied by the Kelvin effect with respect to the particle diameter. For the sections which the equilibrium saturation vapor pressure of the particle is above the gas pressure, evaporation occurs. Otherwise, condensation happens in the section. The mass transfer modifies the gas pressure at the end of the time step which will get closer to the saturation vapor pressure, therefore, tending to an equilibrium.

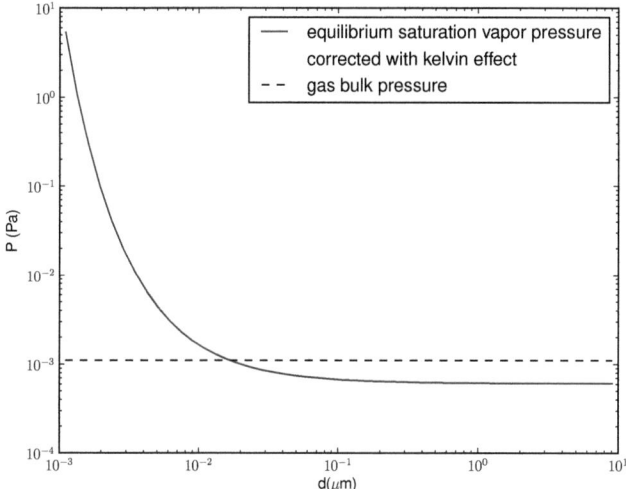

Figure 2.4 – Nonadecane saturation vapor pressure corrected with the Kelvin effect at the beginning of the simulation

To demonstrate the importance of the Kelvin effect, two simulations were made using the conditions previously described, with and without Kelvin effect. Results for the HEMEN and the Moving-Diameter are presented in Figures 2.5 and 2.6.

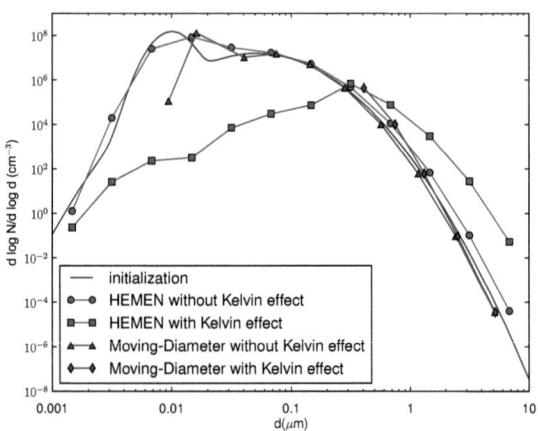

Figure 2.5 – Number distribution results with and without Kelvin effect

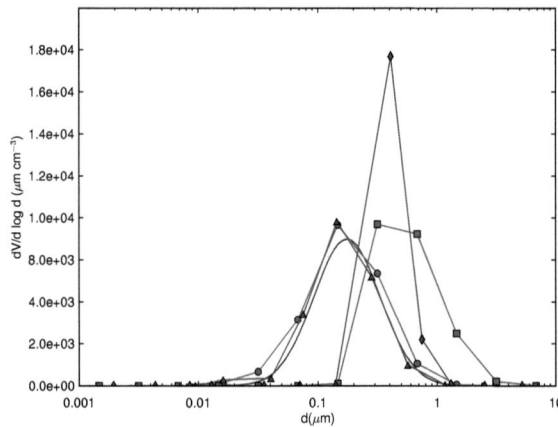

Figure 2.6 – Volume distribution results with and without Kelvin effect

The results show clearly that the Kelvin effect must be taken into account when the evolution of small particles is simulated: particles are much less affected by condensation/evaporation when it is not included in the model.

2.6.2 Results

We assume that when the diameter of a given particle shrinks below 1 nm, this one is no more stable and entirely transferred to the gas phase. For the first sections, the evaporation process is enhanced due to the Kelvin effect which is more important when the diameter of a particle is small. Therefore, these sections will experience significant evaporation and their number concentration will decrease. For fine and coarse particles, condensation is predominant. Because the range of the number concentrations is very large, a logarithmic scale is used in this case study. Figures 2.7 and 2.8 show respectively the number and the volume PSD at the end of a 12 sections simulation.

For the log-number concentration (see Figure 2.7), the reference shows that after 1 hour of simulation, all particles below 100 nm have disappeared, either by condensationnal growth or by shrinkage up to vanishing into the gas phase. Indeed, the nuclei mode of the initial PSD has been transferred to the gas phase while the coarse one has grown to a greater size range. Moving-Diameter shows the best performance as it is the only scheme able to reproduce this behavior (i.e. no particle left under 100 nm). For the other schemes, as the sections should be empty under 100 nm, Euler-Coupled is the closest to the reference in that size range and MAM is the furthest. Euler-Number and HEMEN show results similar to those of Euler-Coupled in the ultrafine range. HEMEN is close to Euler-Number under 100 nm and coincides with Euler-Mass above 100 nm, so the redistribution scheme is easily recognizable. The slight difference under 100 nm between HEMEN and Euler-Number can be explained by the fact that some evaporation occurs in the sections above 100 nm at the beginning of the simulation, therefore, some mass concentration is transferred above 100 nm, which generates some error when the number is diagnosed. Euler-Mass is not unstable in this case study as in the regional study (with condensation only) but is still clearly less competitive than other Euler schemes in the ultrafine range. The coarse mode is best reproduced by HEMEN which becomes better than Euler-Coupled and Euler-Number gives the poorest results. This remark reinforces the idea that fine and coarse particles should be simulated using a scheme based on the mass rather than the number: as the number becomes less important with respect to the volume, a scheme focusing on the number becomes less accurate.

In Figure 2.87, the volume PSD is shown after one hour. As HEMEN coincides with Euler-Mass, only HEMEN is shown. As in Figure 2.7, the reference shows the disappearance of the nuclei mode, and the condensational growth of the coarse mode. As the section diameters of Moving-Diameter are allowed to move, this scheme is the only one able to reproduce the volume peak at 0.3 μm, although the mean diameter of the peak is a slightly below the one of the reference. The Euler schemes cannot reproduce the sharp peak because of their fixed section diameters. HEMEN performs best with two sections corresponding perfectly with the diameter of the reference, however, the peak is about half that of the reference and the standard deviation is larger. Euler-Number and Euler-Coupled present the same PSD shape as the initial one and their coarse mode have spread and moved to higher size range than the reference. They do not reproduce the volume peak of the reference. It appears that MAM does not perform well in this case study: the accumulation mode moves little during the simulation. The poor performance of MAM comes from the fact that the low-diameter particles of the mode are not able to evaporate under the Kelvin effect if the high-diameter particles part of the mode are not affected by the Kelvin effect. The volume transfer rate by condensation/evaporation (Equation2.13) for a mode is calculated by summing the volume transfer rates at four Gauss-Hermite quadrature diameters. Therefore, if two quadrature diameters of a mode are below the Kelvin effect cut-off diameter (diameter under which Kelvin effect induces evaporation), but the other two quadrature diameters are above, evaporation does not occur in the mode. In cases where ultrafine particles undergo both evaporation and condensation, within a mode, MAM would need to be able to split this mode into two modes (one with evaporation and one with condensation) to reproduce correctly the aerosol dynamics. In summary, Moving-Diameter and HEMEN are the closest to the reference. Performance statistics are discussed below.

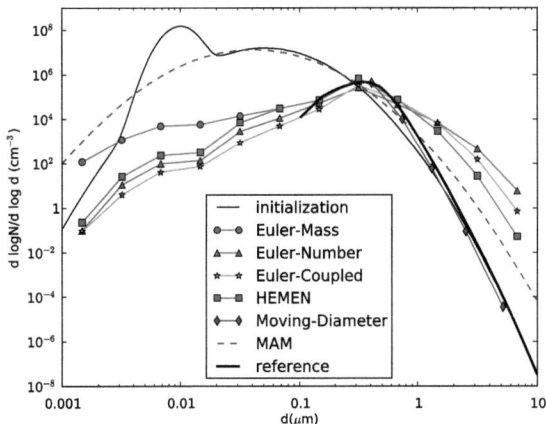

Figure 2.7 – Simulation of condensation/evaporation in the diesel exhaust: log-number distribution initially and after 1 hour.

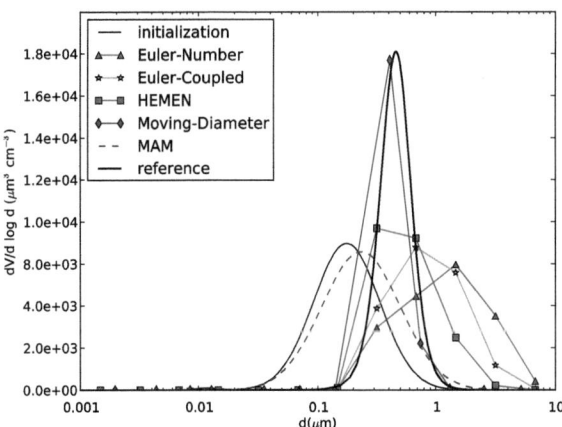

Figure 2.8 – Simulation of condensation/evaporation in the diesel exhaust: volume ditribution initially and after 1 hour.

2.6.3 Performance Statistics: normalized mean error

Table 2.8 presents the normalized mean errors for the diesel exhaust simulation.

Table 2.8 – Normalized mean errors for the diesel exhaust simulation.

Scheme	Particle	Number of sections			
	Concentration	6	12	24	48
Euler-Mass	N	4.63	0.64	0.27	0.30
	log N	1.34	1.33	1.17	1.28
	Q	0.22	0.29	0.30	0.20
Euler-Number	N	0.47	0.49	0.43	0.36
	log N	1.17	1.21	1.09	1.19
	Q	1.67	1.13	0.81	0.46
Euler-Coupled	N	2.74	0.36	0.32	0.29
	log N	1.14	1.14	1.04	1.16
	Q	0.89	0.77	0.58	0.32
HEMEN	N	4.43	0.61	0.25	0.28
	log N	1.20	1.17	1.06	1.18
	Q	0.22	0.29	0.30	0.20
Moving-Diameter	N	7.12	0.40	0.75	1.47
	log N	0.07	0.27	0.39	0.43
	Q	0.56	0.76	0.39	0.39
MAM with 2 modes	N	52.79	52.79	53.16	53.16
	log N	1.45	1.62	1.70	1.92
	Q	0.61	0.90	1.07	1.07

HEMEN and Euler-Mass have the same Q error, which is not surprising as HEMEN is simply Euler-Mass on the fine and coarse size ranges, where most of the particle mass lies. Furthermore, condensation does not to happen in the smallest sections, where the Kelvin effect is very important. Therefore, the number redistribution under 100 nm does not affect the larger sections. Also, the sections under 100 nm are nearly empty in terms of mass (or volume) concentration.

For the mass concentration, HEMEN and Euler-Mass show the best performance with an error lower or equal to 30%.

For the log-number concentration, Moving-Diameter gives the best results (7 to 43% of error) whereas the Euler schemes lead to errors exceeding 100%. This low performance of the Euler schemes is due to the significant number concentration evolution during the simulation, that leads to large errors in the ultrafine range where the Kelvin effect leads to evaporation. Among the Euler scheme, Euler-Coupled and HEMEN perform best. The log N error tends to decrease with the increasing number of sections with the notable exception of Moving-Diameter whose error may increase due to the occurrence of empty sections in this 0D case study.

For the number concentration, HEMEN is better than Moving-Diameter except for 12 sections and gives the best results for 24 and 48 sections.

The previous discussion on MAM explains its poor results for this study.

In some cases, the error obtained with 48 sections is higher than the one with 24 sections. This can be explained by the need of a different time step to compute the sectional schemes with 48 sections: the sections become too narrow so we need to reduce the time step in order to keep the diameter between the boundaries of the sections. The reference is not computed with the time step needed for 48 sections as it uses 500 sections and would be computationally too demanding. Therefore, the simulations are not exactly the same and give results slightly different in the 48 section case while the same time step is used for the reference and the schemes when 6, 12 or 24 sections are simulated.

2.6.4 Performance Statistics: correlation

Table 2.9 – Correlation coefficients for the diesel exhaust simulation.

Scheme	Particle Concentration	Number of sections			
		6	12	24	48
Euler-Mass	N	0.98	0.95	0.97	0.96
	log N	0.05	0.16	0.27	0.26
	Q	0.97	0.97	0.96	0.97
Euler-Number	N	0.97	0.97	0.97	0.96
	log N	0.17	0.32	0.38	0.34
	Q	-0.20	0.47	0.72	0.89
Euler-Coupled	N	0.98	0.94	0.97	0.96
	log N	0.25	0.37	0.40	0.35
	Q	0.43	0.71	0.86	0.94
HEMEN	N	0.98	0.95	0.97	0.96
	log N	0.17	0.29	0.35	0.33
	Q	0.97	0.97	0.96	0.97
Moving-Diameter	N	0.98	0.90	0.70	0.27
	log N	0.99	0.76	0.62	0.59
	Q	0.82	0.78	0.94	0.93
MAM with 2 modes	N	-0.13	-0.18	-0.18	-0.17
	log N	0.17	-0.002	0.04	0.03
	Q	0.79	0.64	0.55	0.53

Correlation results for the diesel exhaust simulation are presented in Table 2.9.

If we do not take MAM into account, all the schemes are well correlated with N but not with log N, which reveals the importance of studying this variable also. Indeed, Euler-Mass is badly correlated with log N as expected (Euler-Number is badly correlated with Q) but is well correlated with N, this fact illustrates the limitation of the correlation study

Moving-Diameter gives good results but the results for the number concentration decrease while the number of sections increases because of the occurrence of some empty sections (due to the redistribution). Still it leads to the best correlations for log N.

HEMEN has the highest correlation for the number concentration (similar to Euler-Number) and the highest correlation for the mass concentration (similar to Euler-Mass).

The correlation coefficients obtained with MAM are poor, particularly for the number concentration, for the reasons discussed above.

2.6.5 PM and PN estimations

The PM and PN estimations for the diesel exhaust simulation are presented in Table 2.10.

MAM estimations are the worst ones for PN_x, therefore, poor results in terms of error imply poor PN_x estimations. This is not surprising as we have already noted the significant error of MAM. However, MAM provides the correct estimations for PM_x, because the distributions for the volume concentration corresponds to the correct size ranges at the end of the simulation. As for the regional case, the HEMEN scheme clearly over-estimates PN_x, but not as much as Euler-Mass. However, in this case study, it under-estimates PM_x, but not as much as Euler-Number.

Among the sectional schemes, Euler-Coupled and Moving-Diameter provide the best PM_x estimation. HEMEN is the best PN_x estimator, with the notable exceptions of $PN_{0.1}$. Moving-Diameter provides the best results for $PN_{0.1}$ as it correctly accounts for empty sections.

Table 2.10 – PN_x ($\#.m^{-3}$) and PM_x ($\mu g.m^{-3}$) for the diesel exhaust simulation.

Scheme*	Particle Characteristics	Cut-off diameter x (μm)			
		0.1	1	2.5	10
Euler-Mass	PN_x	1×10^{10}	2×10^{11}	2×10^{11}	2×10^{11}
	PM_x	2	5993	7030	7107
Euler-Number	PN_x	4×10^9	1×10^{11}	1×10^{11}	1×10^{11}
	PM_x	0.8	2995	5662	7108
Euler-Coupled	PN_x	3×10^9	1×10^{11}	1×10^{11}	1×10^{11}
	PM_x	0.73	7029	7154	7107
HEMEN	PN_x	1×10^{10}	2×10^{11}	2×10^{11}	2×10^{11}
	PM_x	2	5993	7030	7107
Moving-Diameter	PN_x	0.0	1×10^{11}	1×10^{11}	1×10^{11}
	PM_x	0.0	7968	7108	7107
MAM with 2 modes	PN_x	9×10^{12}	1×10^{13}	1×10^{13}	1×10^{13}
	PM_x	933	6898	7095	7101
Reference	PN_x	0.0	2×10^{11}	2×10^{11}	2×10^{11}
	PM_x	0.0	7030	7107	7107

*The five sectional schemes are applied with 12 sections. MAM and the reference are redistributed over the 12 sections grid.

2.7 Conclusion

A new numerical scheme, HEMEN, was developed to simulate condensation and evaporation from a particle population covering ultrafine, fine, and coarse size ranges. This scheme is based on a Euler number redistribution scheme in the ultrafine particle range, where the mass concentration is negligible, and on a Euler mass-redistribution scheme in the fine and coarse particle ranges, where the number concentration is negligible. This new scheme is compared to the Lagrangian scheme taken as a reference for two case studies: a regional air pollution simulation with condensation only of sulfuric acid and a diesel engine exhaust simulation with evaporation and condensation of nonadecane. We conducted a benchmark evaluation with several other Euler schemes, the Moving-Diameter (semi-Lagrangian) approach, and a multimodal model (MAM).

In general, when 12 sections or more are used, HEMEN has the best performance with respect to other Euler schemes, and especially against the Euler-Mass scheme, a widely used scheme in 3D aerosol models. Furthermore, it performs better than Moving-Diameter and MAM for the mass concentration for the conditions considered here.

In particular, for the regional case study, HEMEN is the best scheme for mass PSD, the quantity of interest in this case. It competes better for the number PSD than other Euler-based schemes, and has similar results compared to MAM. Nevertheless, Moving-Diameter performs better for the number concentration as it gets the lowest N and log N errors.

For the diesel exhaust case study, HEMEN succeeds in getting the lowest N error, which matters in this case, ahead of Moving-Diameter, while still performing best for the mass concentration. However, Moving-Diameter has still the lowest log N error as it is the only scheme that correctly predicts the complete evaporation of the ultrafine particles.

MAM results in this case are affected by its structural inability to correctly account for the Kelvin effect. Indeed, MAM cannot reproduce accurately the growth of a mode when the low-diameter particles of the mode evaporate because of the Kelvin effect and the high-diameter particles of the mode are subject to condensation. MAM may fail to correctly reproduce the evolution of the ultrafine particle concentrations because of the inability of a modal representation to handle the Kelvin effect properly in such cases. However, MAM is still a good estimator for PM_x estimations of fine and coarse particles.

The choice of a scheme for simulating aerosol dynamics depends on the conditions of the simulation and the results required. Some more simulations were led with other case studies. The results, presented in appendix A.4, are consistent with the previous simulations.

Moving-Diameter performs well over a wide range of conditions thanks to its semi-Lagrangian formulation and it is expected to be an excellent choice for following the number in 3D applications, where emissions and transport will minimize greatly the possibility of empty sections occurring. However, in 0D applications (e.g., indoor air), some empty sections may occur in the middle of the distribution in the absence of a continuous emission source.

As it redistributes the relevant quantity of the particle distribution, HEMEN performs best for the mass concentration and shows reasonably good results for the number concentration over a wide range of particle sizes, even with only 12 sections.

In summary, HEMEN appears to be a robust and computationally efficient numerical scheme, which performs well over a wide range of conditions for ultrafine, fine, and coarse particles.

Chapitre 3

Coagulation des nanoparticules

Dans ce chapitre, nous traitons de la coagulation des aérosols et plus spécifiquement des nanoparticules. Dans la partie 3.1, on commence par rappeler l'équation de coagulation et la formulation classique de son noyau.

L'équation de coagulation est le plus souvent résolue avec une méthode sectionnelle, qui amène à faire plusieurs approximations numériques sur la densité de concentrations des particules et sur le noyau de coagulation. Dans la partie 3.2, nous procédons à une discrétisation rigoureuse de l'équation de coagulation pour la densité en nombre. Celle-ci mène aux deux formulations classiques rencontrées dans la littérature, suivant l'ordre dans lequel on approche la densité et le noyau de coagulation. Notamment, les termes d'erreurs associés à chaque formulation sont explicités. On étudie ensuite l'impact des deux approches sur la concentration des nanoparticules, dans le cadre de la coagulation brownienne.

La modélisation des nanoparticules ne soulève pas uniquement des questions d'ordre numérique. En effet, à cette échelle, certains phénomènes physiques viennent modifier le comportement classique des particules. Les forces de van der Waals et de viscosité en font partie et sont les plus étudiées, en raison de leur effet sur la coagulation. Nous pouvons également citer les forces électrostatiques, dont l'effet est moindre, sauf si les particules sont fortement chargées. La dynamique des nanoparticules suite à leur émission a déjà fait l'objet de plusieurs études (Jacobson and Seinfeld (2004), Jacobson et al. (2005)), dans lesquelles la coagulation renforcée par l'attraction de van der Waals est une des raisons avancées pour expliquer la rapide évolution en nombre des nanoparticules.

Dans la partie 3.3, nous présentons tout d'abord les paramétrisations des forces de van der Waals et de viscosité, puis nous effectuons plusieurs simulations numériques de la coagulation d'une distribution d'aérosols atmosphériques, à l'aide de ces paramétrisations. Cette étude, de nature plus académique, ne prend pas en compte l'ensemble des autres processus de la dynamique des nanoparticules (condensation, nucléation, dilution) nécessaires pour comparer les résultats de simulation à des données de mesures, mais permet d'isoler et de mesurer précisément l'effet de forces de van der Waals et visqueuses sur l'évolution par coagulation de plusieurs types distributions de particules rencontrées dans un environnement urbain.

3.1 Processus de coagulation

La coagulation est le processus par lequel deux particules, soumises à un mouvement relatif, se rencontrent et fusionnent pour former une nouvelle particule dont la masse est égale à la somme des masses des particules initiales. Ce processus affecte donc de façon significative la concentration en nombre des particules tout en conservant leur masse.

Ce mouvement relatif est provoqué par différents phénomènes physiques, dont l'écoulement laminaire, l'écoulement turbulent, la sédimentation gravitationnelle, et le mouvement brownien ou agitation thermique.

Ce dernier est généralement le phénomène dominant pour les particules submicroniques (Seinfeld and Pandis (1998)).

Dans le paragraphe suivant, nous allons présenter l'équation continue de la coagulation ainsi que les différentes formulations du noyau de coagulation c'est-à-dire le nombre de collisions entre particules par m^3 et par seconde.

3.1.1 Équation de Smoluchowski

L'équation de la dynamique de coagulation, ou de Smoluchowski (Smoluchowski (1917)), pour une densité de concentrations numériques $m \mapsto n(m,t)$ se formule ainsi :

$$\frac{\partial n}{\partial t}(m,t) = \underbrace{\theta(m \geq 2m_0) \frac{1}{2} \int_{m_0}^{m-m_0} K(u, m-u) \, n(u,t) \, n(m-u,t) \, du}_{terme\,de\,gain}$$
$$\underbrace{- \, n(m,t) \int_{m_0}^{\infty} K(u,m) \, n(u,t) \, du}_{terme\,de\,perte} \quad (3.1)$$

Dans l'équation (3.1), la quantité $n(m,t) \, dm$ représente la concentration en particules dans l'air, exprimée en $\#.m^{-3}$, dont la masse est comprise entre m et $m + dm$, à l'instant t, m_0 étant la plus petite masse de particules.

La fonction $A \mapsto \theta(A)$, sans dimension, vaut 1 si la condition A est vérifiée, 0 sinon. Placée ainsi devant le terme de gain, elle implique que la coagulation ne peut produire de particules de masse inférieure à $2\,m_0$.

Le terme $K(u,v)$, exprimé en $m^3.s^{-1}$, est le noyau de coagulation entre les particules de masse u et v, défini comme le nombre de collisions qui se produisent par m^3 et par seconde pour une concentration de 1 particule par m^3. On peut aussi le considérer comme un taux de coagulation entre les particules de masse u et v. $K(u,v)n(v)$ est le flux de particules de tailles v arrivant par diffusion sur une particule de taille u. Nous revenons sur la formulation du noyau dans la partie suivante.

La densité de concentration massique $m \mapsto q_j(m,t)$ de chaque composé chimique X_j des particules obéit à une équation similaire :

$$\frac{\partial q_j}{\partial t}(m,t) = \theta(m \geq 2m_0) \int_{m_0}^{m-m_0} K(u, m-u)\, q_j(u,t)\, n(m-u,t)\, du \\ - q_j(m,t) \int_{m_0}^{\infty} K(u,m)\, n(u,t)\, du \qquad (3.2)$$

Pour la densité de masse totale q, on a :

$$q(m,t) \triangleq \sum_j q_j(m,t) \qquad (3.3)$$

Celle-ci vérifie donc :

$$\frac{\partial q}{\partial t}(m,t) = \theta(m \geq 2m_0) \int_{m_0}^{m-m_0} K(u, m-u)\, q(u,t)\, n(m-u,t)\, du \\ - q(m,t) \int_{m_0}^{\infty} K(u,m)\, n(u,t)\, du \qquad (3.4)$$

Dans la suite, nous ne considérons que des particules monocomposées et assimilable à des sphères, aussi seules les équations (3.1) et (3.4) sont étudiées.

3.1.2 Caractéristiques physiques des aérosols dans l'air

Avant d'aborder l'expression mathématique du noyau de coagulation, nous avons besoin de décrire certaines caractéristiques physiques des gaz et des aérosols.

Libre parcours moyen de l'air

Le libre parcours moyen de l'air, noté λ_{air}, se définit comme la distance moyenne que parcourt une molécule d'air sans que les collisions avec d'autres molécules ne modifient sa trajectoire, il vaut 65.1 nm à pression et température ambiante ($1\,atm$ et $298\,K$).

Régimes continu et moléculaire libre, nombre de Knudsen

Les aérosols ont un comportement différent suivant le rapport entre leur taille et le libre parcours moyen du gaz qui les entourent.

Si la particule est suffisamment grande par rapport au libre parcours moyen de l'air ($d_p \gg \lambda_{\text{air}}$), sa résistance au mouvement est principalement due à la viscosité de l'air. Elle perçoit le milieu gazeux qui l'entoure comme étant continu, et la mécanique des milieux continus s'applique.

En revanche, plus la particule est petite, plus elle adopte le comportement des molécules du gaz, et c'est la cinétique des gaz qui s'applique.

La continuité du milieu est caractérisée par le nombre de Knudsen de l'air, qui est défini par le rapport entre le libre parcours moyen de l'air et le rayon de la particule de diamètre [1] d_p :

$$k_n = \frac{2\lambda_{\text{air}}}{d_p} \quad (3.5)$$

En pratique, on considère être en régime continu lorsque le nombre de Knudsen est très inférieur à l'unité, et en régime moléculaire libre lorsque qu'il est très au dessus de 10. Entre les deux, on parle de régime transitoire.

Coefficient de diffusion d'une particule dans l'air

Les particules sont diffusées naturellement dans l'air sous l'effet de l'agitation thermique. En régime continu, et pour des particules sphériques, le coefficient de diffusion d'une particule dans l'air, exprimé $m^2.s^{-1}$, est donné par la formule suivante :

$$D_c = \frac{k_b T}{3\pi \nu_{\text{air}} d_p} \quad (3.6)$$

où ν_{air} est la viscosité de l'air, k_b la constante de Boltzmann, d_p le diamètre de la particule et T la température. On suppose dans toute la suite que les particules et l'air sont à la même température.

Pour des valeurs de Knudsen proches de l'unité, l'expression (3.6) doit être corrigée des effets de non-continuité. Il existe plusieurs facteurs correctifs (Friedlander (1977); Seinfeld (1985)), la plupart tirées d'observations expérimentales, nous utilisons dans la suite :

$$D = D_c \frac{5 + 4k_n + 6k_n^2 + 18k_n^3}{5 - k_n + (8 + \pi)k_n^2} \quad (3.7)$$

---

1. Diamètre équivalent, aérodynamique, de Stokes, ...

Vitesse quadratique moyenne et le libre parcours moyen apparent d'une particule dans l'air

Par analogie avec la théorie cinétique des gaz, on définit la vitesse quadratique moyenne des particules dans l'air (v_{qm}), ainsi que leur libre parcours moyen (λ_i) :

$$v_{qm} = \sqrt{\frac{8k_bT}{\pi m}}, \quad \lambda_p = \frac{8D}{\pi v_{qm}} \tag{3.8}$$

où m est la masse de la particule.

Le libre parcours moyen est la distance moyenne que parcourt une molécule ou une particule avant que les collisions avec d'autres molécules ne modifient sa trajectoire.

Dans le cas d'un gaz, le libre parcours moyen est la distance moyenne que parcourt une molécule de ce gaz avant d'entrer en collision avec une autre molécule, car sa direction sera changée dès la première collision.

Le libre parcours moyen d'une particule est plus délicat à décrire car, en général, sa masse est beaucoup plus importante que celle des molécules du gaz qui l'entoure, et il faut donc un certain nombre de collisions avant de pouvoir dévier sa trajectoire. On considère que c'est la distance moyenne sur laquelle la trajectoire de la particule reste relativement rectiligne.

3.1.3 Noyau de coagulation brownien

La formulation du noyau de coagulation brownien dépend du régime dans lequel se trouve la particule.

Nous commençons par donner son expression dans le cas d'aérosols monodispersés (Friedlander (1977); Bricard (1977)), i.e. de même diamètre d_p, puis nous en déduisons les formules classiques dans le cas bidispersé (Seinfeld (1985); Jacobson (2005)).

Cas monodispersé

Formulation du noyau en régime continu, $k_n \ll 1$:

Le noyau de coagulation K^c pour des particules de diamètre d_p en régime continu est donné par l'expression suivante :

$$K^c = 8\pi D d_p \tag{3.9}$$

Cette expression est obtenue en résolvant l'équation de diffusion des particules dans l'air. On considère une sphère d'action de rayon d_p, centrée sur une particule, autour de laquelle les autres particules diffusent. Il y a collision lorsque le centre d'une particule qui évoluent par diffusion vient toucher cette sphère (figure 3.1).

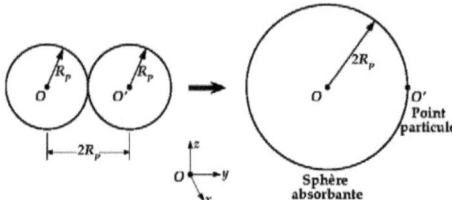

FIGURE 3.1 – Collisions géométriquement équivalentes (Seinfeld and Pandis (1998)).

En y substituant l'expression (3.6) du coefficient de diffusion, le noyau de coagulation devient :

$$K^c = \frac{8k_bT}{3\nu_{air}} \quad (3.10)$$

Le noyau de coagulation du régime continu dépend directement de la température, et il est indépendant du diamètre pour des particules de même taille. L'expression (3.10) prend alors le nom de constante de coagulation brownienne, elle vaut $2.33\ 10^{-16}\ m^3.s^{-1}$ à température ambiante (298 K).

Formulation du noyau en régime moléculaire libre, $k_n \gg 10$:

En régime moléculaire libre, le noyau de coagulation prend la forme suivante :

$$K^m = \pi d_p^2 v_{qm} \sqrt{2} \quad (3.11)$$

La vitesse quadratique moyenne est corrigée par un facteur $\sqrt{2}$ afin de tenir compte du mouvement relatif des particules : $v_{qm}\sqrt{2}$ représente la vitesse relative moyenne entre 2 particules.

Contrairement au régime continu, le noyau de coagulation est proportionnel au carré du diamètre, c'est-à-dire à la surface de la particule. Le taux de coagulation ou le nombre de collisions subies par une particule est en effet d'autant plus important que sa surface est grande. Ceci reste vrai pour une particule en régime continu, mais la coagulation est alors limitée par la diffusion des particules.

L'expression (3.11) est souvent corrigée par un coefficient multiplicatif sans dimension, compris entre 0 et 1 : le coefficient d'accommodation, qu'on note α. Il représente la probabilité qu'un choc entre deux particules conduise effectivement à une coagulation, on parle aussi d'efficacité de collision. En effet, lorsque les particules se comportent quasiment comme des molécules de gaz, il peut arriver qu'elles rebondissent simplement après collision. Cependant, on considère généralement que toute collision mène à coalescence (Schmidt-Ott and Burtscher (1982)).

Régime de transition, $1 \ll k_n \ll 10$

En régime de transition, c'est-à-dire pour un nombre de Knudsen compris entre 1 et 10, aucune des formulations (3.9) et (3.11) n'est valable.

L'expression du noyau de coagulation pour ce régime est obtenue au moyen de la méthode de la sphère limite (Fuchs (1964)). Selon cette méthode, tout se passe en régime de transition comme si la particule était entourée d'une couche « limite » sphérique, au-dedans de laquelle les particules se meuvent comme dans le vide, et au-delà de laquelle elles se déplacent par diffusion. Autrement dit, le régime continu s'applique au-delà de cette couche limite, et le régime moléculaire libre au-dedans.

L'épaisseur de cette couche limite, notée δ, est la distance moyenne entre le centre de la sphère et le point atteint par les particules quittant la surface de cette sphère et voyageant à une distance égale à leur libre parcours moyen λ_p vers le centre.

$$\delta = \frac{1}{3d_p\lambda_p}\left((d_p + \lambda_p)^3 - (d_p^2 + \lambda_p^2)^{\frac{3}{2}}\right) - d_p \quad (3.12)$$

On vérifie que cette couche limite se réduit à la surface de la particule en régime continu, et qu'à l'inverse, elle s'étend à tout l'espace en régime moléculaire libre.

L'expression du noyau de coagulation en régime de transition est ensuite obtenue en faisant l'égalité des flux de particules au niveau de la sphère limite :

$$K^t = K^c \beta, \quad \beta = \left(\frac{d_p}{d_p + \delta\sqrt{2}} + \frac{8D\alpha}{d_p v_{qm}\sqrt{2}}\right)^{-1} \quad (3.13)$$

où D est le coefficient de diffusion (3.7) et α l'efficacité de collision évoquée plus haut. On y reconnaît une formule d'interpolation entre le régime moléculaire libre et continu : le facteur correctif β tend vers l'unité en régime continu, et inversement, on retrouve l'expression (3.11) du régime moléculaire libre lorsque la couche limite occupe tout l'espace.

Cas bidispersé

Le cas d'une population d'aérosols bidispersés, particules de diamètres distincts d_{p_1} et d_{p_2}, se déduit du cas monodispersé en considérant une sphère d'action de diamètre $d_{p_1} + d_{p_2}$.

Formulation en régime continu, $k_{n_1} \ll 1$ **et** $k_{n_2} \ll 1$

Dans la formulation (3.9), $2d_p$ et $2D$ deviennent respectivement $d_{p_1} + d_{p_2}$ et $D_1 + D_2$, de telle sorte que :

$$K^c_{(1,2)} = 2\pi(D_1 + D_2)(d_{p_1} + d_{p_2}) \tag{3.14}$$

Notons que $D_1 + D_2$ est le coefficient de diffusion relatif entre les particules 1 et 2.

En remplaçant les coefficients de diffusion par leur expression (3.6) on obtient :

$$K^c_{(1,2)} = \frac{2k_b T}{3\nu_{\text{air}}}\left(2 + \frac{d_{p_1}}{d_{p_2}} + \frac{d_{p_2}}{d_{p_1}}\right) \tag{3.15}$$

En première approximation, le noyau est constant et égal à la constante de coagulation brownienne (3.10).

Formulation en régime moléculaire libre, $k_{n_1} \gg 10$ **et** $k_{n_2} \gg 10$

Dans la formulation (3.11), on remplace $\sqrt{2}v_{qm}$ par $\sqrt{v_{qm_1}^2 + v_{qm_2}^2}$, puis $2d_p$ par $d_{p_1} + d_{p_2}$, d'où l'expression en régime moléculaire libre :

$$K^m_{(1,2)} = \frac{\pi}{4}(d_{p_1} + d_{p_2})^2 \sqrt{v_{qm_1}^2 + v_{qm_2}^2} \tag{3.16}$$

Régime de transition, pour tous les autres cas

On applique le régime de transition lorsque les nombres de Knudsen des particules sont tout deux compris entre 1 et 10, mais aussi lorsque les particules se situent dans des régimes différents.

On définit une épaisseur de couche limite moyenne entre les deux particules, $\sqrt{\delta_1^2 + \delta_2^2}$, avec δ_k, $k = 1, 2$ données par (3.12) pour chaque particule. Le noyau de coagulation en régime de transition devient alors :

$$\begin{aligned} K^t_{(1,2)} &= K^c_{(1,2)}\,\beta \\ \beta &= \left(\frac{d_{p_1} + d_{p_2}}{d_{p_1} + d_{p_2} + \sqrt{\delta_1^2 + \delta_2^2}} + \frac{8(D_1 + D_2)\alpha}{(d_{p_1} + d_{p_2})\sqrt{v_{qm_1}^2 + v_{qm_2}^2}}\right)^{-1} \end{aligned} \tag{3.17}$$

La figure 3.2 représente le noyau de coagulation brownien entre deux particules de nombre de Knudsen k_{n_1} et k_{n_2}.

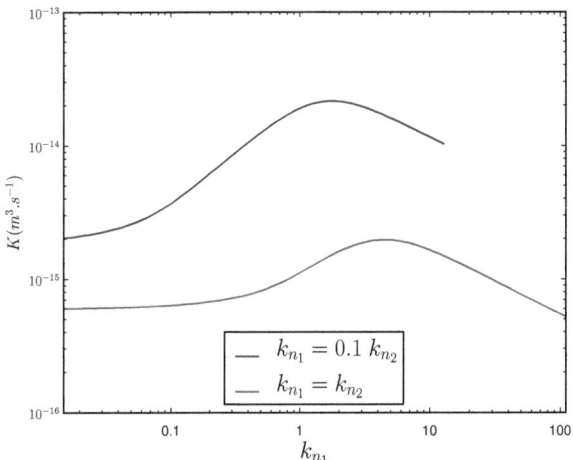

FIGURE 3.2 – Noyaux de coagulation brownien K dans le cas bidispersé fonction des libres parcours moyens kn_1 et kn_2

On observe que le taux de coagulation K est plus important pour des particules de tailles différentes, i.e. de nombres de Knudsen différents (Seinfeld and Pandis (2006)). En effet, deux petites particules ont plus de chance de ne pas se toucher, et deux grosses particules vont se déplacer lentement et mettront plus de temps à se rencontrer. Cependant, elles sont, de part leur large surface, de bonnes cibles pour les petites particules qui se déplacent rapidement.

En pratique, on considère le régime continu pour $k_n < 0.01$ et le régime moléculaire libre pour $k_n > 100$ afin de s'assurer de la continuité du noyau au passage entre les différents régimes.

3.2 Approche sectionnelle

Dans la suite nous présentons la discrétisation de l'équation de coagulation (3.1) selon deux approches différentes consistant à intégrer ou à approcher le noyau de coagulation sur la section. On compare ensuite ces deux approches sur un cas d'étude réaliste afin de déterminer la plus pertinente pour la modélisation des nanoparticules.

3.2.1 Discrétisation

Le spectre de masse des particules est divisé en un nombre arbitraire de sections (ou boîtes), noté b : $\left[m_k^-; m_k^+\right[$.

Les bornes des sections vérifient $m_k^+ = m_{k+1}^-$ pour $k = 1, \ldots, b-1$, et la borne inférieure de la première section est prise égale à la plus petite masse de particules, $m_1^- = m_0$.

Sur chaque section k, on définit les quantités intégrées $N_k(t)$ et $Q_k(t)$:

$$N_k(t) = \int_{m_k^-}^{m_k^+} n(m,t)\,dm \,, \quad Q_k(t) = \int_{m_k^-}^{m_k^+} m\,n(m,t)\,dm \qquad (3.18)$$

qui sont respectivement les concentrations en nombre ($\#.m^{-3}$) et en masse ($\mu g.m^{-3}$) des particules dont la masse est comprise entre m_k^- et m_k^+.

L'approche sectionnelle consiste à décrire l'évolution de ces équations en intégrant (3.1) et (3.4) sur la section k. Nous présentons dans la suite cette procédure pour la distribution en nombre.

L'évolution de cette quantité intégrée est décrite par :

$$\frac{dN_k(t)}{dt} = \int_{m_k^-}^{m_k^+} \frac{\partial n}{\partial t}(m,t)\,dm \qquad (3.19)$$

On intègre donc l'équation (3.1) sur $\left[m_k^-; m_k^+\right]$ pour $k = 1, ..., b$, ce qui nous donne :

$$\frac{dN_k(t)}{dt} = \frac{1}{2}\underbrace{\int_{m_k^-}^{m_k^+} \theta(m \geq 2m_0) \int_{m_0}^{m-m_0} K(u, m-u)\,n(u,t)\,n(m-u,t)\,du\,dm}_{G_k}$$

$$- \int_{m_k^-}^{m_k^+} n(m,t) \int_{m_0}^{\infty} K(u,m)\,n(u,t)\,du\,dm \qquad (3.20)$$

où θ est une fonction valant 1 si la condition est satisfaite, et 0 sinon.

Le terme de gain G_k est une intégrale double sur l'ensemble des couples de masse d'aérosol (u,v) dont la somme m est comprise dans la $k^{\text{ème}}$ section. Par le changement de variable $(u,m) \mapsto (u,v)$, on se ramène à l'intégrale double :

$$G_k = \int_{m_0}^{m_k^+} \int_{m_0}^{m_k^+} \theta(m_k^- \leq u+v < m_k^+) K(u,v) n(u,t) n(v,t) \, du \, dv \quad (3.21)$$

Il est ensuite possible de découper les termes de (3.20) suivant les sections :

$$\frac{dN_k(t)}{dt} = \frac{1}{2} \sum_{l_1=1}^{k} \sum_{l_2=1}^{k} \underbrace{\int_{m_{l_1}^-}^{m_{l_1}^+} \int_{m_{l_2}^-}^{m_{l_2}^+} \theta(m_k^- \leq u+v < m_k^+) K(u,v) n(u,t) n(v,t) \, du \, dv}_{G_{12}}$$

$$- \sum_{l=1}^{b} \underbrace{\int_{m_k^-}^{m_k^+} n(m,t) \int_{m_l^-}^{m_l^+} K(u,m) n(u,t) \, du \, dm}_{P_{lk}} \quad (3.22)$$

On note que dans l'équation (3.22) aucune approximation n'a encore été faite. Mais il est nécessaire d'approcher soit la densité de concentration numérique sur chaque section, soit le noyau de coagulation, pour faire ressortir les quantités intégrées. Le choix effectué pour ces approximations donne lieu à deux approches possibles.

Terme de perte

On illustre cette alternative tout d'abord avec le terme de perte, qui est le plus facile à discrétiser. On s'aide pour cela du théorème de la moyenne selon lequel, pour deux fonctions réelles f et g, continues sur un domaine D de $\mathbb{R}^2$, il existe $c \in D$ tel que : $\int \int_D f(x) g(x) \, dx = f(c) \int \int_D g(x) \, dx$.

Sachant que le noyau de coagulation et la densité $m \mapsto n(m,t)$ sont continues sur les sections, on applique ce théorème de deux façons différentes au terme de perte P_{lk} de l'équation (3.22) : il existe deux masses d'aérosols $\alpha_l \in [m_l^-, m_l^+[$ et $\alpha_k \in [m_k^-, m_k^+[$ vérifiant :

soit
$$P_{lk} = K(\alpha_l, \alpha_k) \int_{m_l^-}^{m_l^+} \int_{m_k^-}^{m_k^+} n(u,t) n(m,t) \, du \, dm \quad (3.23)$$
$$= K(\alpha_l, \alpha_k) N_l(t) N_k(t)$$

soit
$$P_{lk} = n(\alpha_l, t) n(\alpha_k, t) \int_{m_k^-}^{m_k^+} \int_{m_l^-}^{m_l^+} K(u,m) \, du \, dm. \quad (3.24)$$

Les deux formulations possibles sont toujours exactes, sauf que l'on n'a aucun moyen de connaître les valeurs de α_l et α_k. C'est sur ces valeurs que s'effectue l'approximation.

Dans le premier cas (3.23), on retrouve les quantités intégrées sur les sections. Le noyau de coagulation en (α_l, α_k) est approché par sa valeur en des points connus (m_l, m_k) :

$$K(\alpha_l, \alpha_k) = K(m_l, m_k) + h_l \left.\frac{\partial K}{\partial u}\right|_{m_l} + h_k \left.\frac{\partial K}{\partial v}\right|_{m_k} + o(h_l, h_k) \quad (3.25)$$

avec $\quad h_j = \alpha_j - m_j \quad$ et $\quad j = l, k$

Les masses d'aérosols m_j peuvent être définies statiquement comme la moyenne géométrique des bornes des sections, ou dynamiquement comme le rapport des quantités intégrées (3.18) :

$$m_j \triangleq \sqrt{m_j^- m_j^+} \quad \text{ou} \quad m_j(t) \triangleq \frac{Q_j(t)}{N_j(t)} \quad (3.26)$$

Dans le second cas (3.24), le noyau de coagulation est intégré sur les sections, il reste à retrouver les quantités intégrées sur les sections.

Toujours d'après le théorème de la moyenne, il existe une masse d'aérosols $\tilde{m}_k$ sur la $k^{\text{ème}}$ section vérifiant $N_k(t) = n(\tilde{m}_k, t) L_k$, où L_k est la largeur de la section. Le développement limité de la densité de concentration en cette masse donne alors :

$$n(\alpha_j, t) = \frac{N_k(t)}{L_k} + \tilde{h}_j \left.\frac{\partial n}{\partial m}\right|_{\tilde{m}_j} + o(\tilde{h}_j) \, , \quad \tilde{h}_j = \alpha_j - \tilde{m}_j \quad (3.27)$$

En remplaçant dans (3.24) l'évaluation de la densité de concentration en nombre en α_j par ce développement limité, on aboutit à :

$$n(\alpha_l, t) n(\alpha_k, t) = \frac{N_l(t)}{L_l} \frac{N_k(t)}{L_k} + (\ldots) \left.\frac{\partial n}{\partial m}\right|_{\tilde{m}_l} + (\ldots) \left.\frac{\partial n}{\partial m}\right|_{\tilde{m}_k} + o(\tilde{h}_l, \tilde{h}_k) \quad (3.28)$$

où l'on ne détaille pas tous les termes.

Finalement, l'approximation du terme de perte prend la forme suivante :

$$P_{lk} = K_{lk} N_k(t) N_l(t) \left[1 + E_{lk}\right] \quad (3.29)$$

Les deux approches diffèrent par l'évaluation du noyau de coagulation K_{lk} entre les sections l et k, et un terme d'erreur E_{lk} :

— pour la première approche

$$K_{lk} = K(m_l, m_k)$$
$$E_{lk} = (\ldots)\frac{\partial K}{\partial m}\bigg|_{m_l} + (\ldots)\frac{\partial K}{\partial m}\bigg|_{m_k} + o(h_l, h_k) \quad (3.30)$$

— pour la seconde approche

$$K_{lk} = \frac{1}{L_l L_k} \int_{m_k^-}^{m_k^+} \int_{m_l^-}^{m_l^+} K(u,m)\, du\, dm$$
$$E_{lk} = (\ldots)\frac{\partial n}{\partial m}\bigg|_{\tilde{m}_l} + (\ldots)\frac{\partial n}{\partial m}\bigg|_{\tilde{m}_k} + o(\tilde{h}_l, \tilde{h}_k) \quad (3.31)$$

On ne détaille pas tous les termes de l'erreur E_{lk}, l'essentiel est de noter que la première approche fait intervenir les dérivées partielles du noyau de coagulation et la seconde, celles de la densité de concentration.

Terme de gain

On suit la même méthodologie pour le terme de gain de (3.22), à la différence que la fonction θ fait apparaître un coefficient de répartition. Celle-ci restreint le domaine d'intégration $[m_{l_1}^-, m_{l_1}^+] \times [m_{l_2}^-, m_{l_2}^+]$ à un sous-domaine compact $D_{l_1 l_2}^k$:

$$G_{12} = \iint_{D_{l_1 l_2}^k} K(u,v) n(u,t) n(v,t)\, du\, dv \quad (3.32)$$

La densité de concentration et le noyau de coagulation restent continus sur ce sous-domaine, le théorème des accroissement finis s'applique, de deux façons différentes :

soit $$G_{12} = K(\alpha_{l_1}, \alpha_{l_2}) \iint_{D_{l_1 l_2}^k} n(u,t) n(v,t)\, du\, dv \quad (3.33)$$

soit $$G_{12} = n(\alpha_{l_1}, t) n(\alpha_{l_2}, t) \iint_{D_{l_1 l_2}^k} K(u,v)\, du\, dv \quad (3.34)$$

où α_{l_1} et α_{l_2} sont des masses d'aérosols comprises dans le sous-domaine $D_{l_1 l_2}^k$.

Pour la première approche, les quantités intégrées n'apparaissent pas immédiatement du fait de la fonction θ. On a recours au développement limité :

$$n(u,t)n(v,t) = \frac{N_{l_1}(t)}{L_{l_1}}\frac{N_{l_2}(t)}{L_{l_2}} + (\ldots)\frac{\partial n}{\partial u}\bigg|_{\tilde{m}_{l_1}} + (\ldots)\frac{\partial n}{\partial v}\bigg|_{\tilde{m}_{l_2}} + o(\tilde{h}_{l_1}, \tilde{h}_{l_2})$$

avec $\tilde{h}_{l_1} = u - \tilde{m}_{l_1}$ et $\tilde{h}_{l_2} = v - \tilde{m}_{l_2}$ \hfill (3.35)

où la masse d'aérosol $\tilde{m}_j$ vérifie $N_j(t) = \tilde{m}_j L_j$.

L'intégrale du terme de gain (3.33) se développe alors de la façon suivante :

$$\begin{aligned}\frac{G_{12}}{K(\alpha_{l_1},\alpha_{l_2})} &= \iint_{D^k_{l_1 l_2}} \left[\frac{N_{l_1}(t)}{L_{l_1}}\frac{N_{l_2}(t)}{L_{l_2}} + (\ldots)\frac{\partial n}{\partial m}\bigg|_{\tilde{m}_{l_1}} + (\ldots)\frac{\partial n}{\partial m}\bigg|_{\tilde{m}_{l_2}} + o(\tilde{h}_{l_1},\tilde{h}_{l_2})\right] du\,dv \\ &= \frac{N_{l_1}(t)}{L_{l_1}}\frac{N_{l_2}(t)}{L_{l_2}}\iint_{D^k_{l_1 l_2}} du\,dv \\ &\quad + \iint_{D^k_{l_1 l_2}}\left[(\ldots)\frac{\partial n}{\partial m}\bigg|_{\tilde{m}_{l_1}} + (\ldots)\frac{\partial n}{\partial m}\bigg|_{\tilde{m}_{l_2}} + o(\tilde{h}_{l_1},\tilde{h}_{l_2})\right]du\,dv \\ &= N_{l_1}(t)N_{l_2}(t)f^k_{l_1 l_2}\left[1+\iint_{D^k_{l_1 l_2}}\ldots du\,dv\right]\end{aligned}$$

où apparaît un coefficient de répartition $f^k_{l_1 l_2}$, défini comme l'aire du domaine $D^k_{l_1 l_2}$ rapportée à celle du carré constitué des sections l_1 et l_2 :

$$f^k_{l_1 l_2} \triangleq \frac{1}{L_{l_1}}\frac{1}{L_{l_2}}\iint_{D^k_{l_1 l_2}} du\,dv \hfill (3.36)$$

et qui s'interprète comme la proportion de particules, issues de la coagulation entre les aérosols des sections l_1 et l_2, qui se retrouvent dans la $k^{\text{ème}}$ section.

En approchant le noyau de coagulation de la même manière que pour le terme de perte, on obtient finalement :

$$G_{12} = N_{l_1}(t)N_{l_2}(t)K(m_{l_1},m_{l_2})f^k_{l_1 l_2}\left[1+E_{12}\right] \hfill (3.37)$$

La seconde approche aboutit à l'approximation suivante :

$$G_{12} = \frac{N_{l_1}(t)}{L_{l_1}}\frac{N_{l_2}(t)}{L_{l_2}}\iint_{D^k_{l_1 l_2}} K(u,v)\,du\,dv \left[1+E_{12}\right] \hfill (3.38)$$

où l'erreur E_{12} a la même structure que (3.31).

On ne précise pas davantage le terme d'erreur E_{12} qui fait apparaître non seulement les dérivées partielles du noyau de coagulation, mais aussi celles de la densité de concentration, intégrées sur les sections avec la condition θ.

Équations discrétisées

L'équation (3.4) sur la densité massique totale des particules est discrétisée de façon similaire. Finalement, la discrétisation des équations (3.1) et (3.4) aboutit à deux alternatives :

1. soit

$$\left.\begin{aligned}
\frac{dN_k}{dt}(t) &= \frac{1}{2}\sum_{l_1=1}^{k}\sum_{l_2=1}^{k} f_{l_1 l_2}^k K_{l_1 l_2} N_{l_1}(t) N_{l_2}(t) - N_k(t)\sum_{l=1}^{b} K_{lk} N_l(t) \\
\frac{dQ_k}{dt}(t) &= \sum_{l_1=1}^{k}\sum_{l_2=1}^{k} f_{l_1 l_2}^k K_{l_1 l_2} Q_{l_1}(t) N_{l_2}(t) - Q_k(t)\sum_{l=1}^{b} K_{lk} N_l(t) \\
K_{ij} &= K(m_i, m_j)\,, \quad m_k = \frac{Q_k}{N_k}\,, \quad f_{l_1 l_2}^k = \frac{1}{L_{l_1}}\frac{1}{L_{l_2}}\iint_{D_{l_1 l_2}^k} du\, dv
\end{aligned}\right\} \quad (3.39)$$

2. soit

$$\left.\begin{aligned}
\frac{dN_k}{dt}(t) &= \frac{1}{2}\sum_{l_1=1}^{k}\sum_{l_2=1}^{k} \tilde{K}_{l_1 l_2} N_{l_1}(t) N_{l_2}(t) - N_k(t)\sum_{l=1}^{b} \bar{K}_{lk} N_l(t) \\
\frac{dQ_k}{dt}(t) &= \sum_{l_1=1}^{k}\sum_{l_2=1}^{k} \tilde{K}_{l_1 l_2} Q_{l_1}(t) N_{l_2}(t) - Q_k(t)\sum_{l=1}^{b} \bar{K}_{lk} N_l(t) \\
\tilde{K}_{l_1 l_2} &= \frac{1}{L_{l_1} L_{l_2}}\iint_{D_{l_1 l_2}^k} K(u,v)\, du\, dv, \quad \bar{K}_{lk} = \frac{1}{L_l L_k}\int_{m_l^-}^{m_l^+}\int_{m_k^-}^{m_k^+} K(u,v)\, du\, dv
\end{aligned}\right\} \quad (3.40)$$

Ces deux approches diffèrent par le calcul du noyau de coagulation, évalué sur les masses moyennes des sections pour l'une, et intégré sur les sections pour l'autre. Le développement des termes de perte et de gains montre aussi qu'elles n'introduisent pas une erreur de la même forme. La seconde approche fait davantage ressortir la dérivée partielle de la densité de concentration, alors que la première fait surtout intervenir celle du noyau de coagulation.

Autrement dit, si le noyau de coagulation varie fortement à l'intérieur de chaque section, la première approche entraîne une erreur importante. Inversement, si c'est la densité de concentration numérique qui varie beaucoup, la seconde approche sera la moins adaptée.

Dans la suite, les approches (3.39) et (3.40) sont respectivement désignées par *noyau moyen* et *noyau intégré*.

Évolution du diamètre moyen des sections

Dans le processus de condensation/évaporation (cf. chapitre 2), seule la masse de chaque section évolue, le nombre restant constant, ce qui fait grossir ou diminuer le diamètre moyen de chaque section. Pour garder celui-ci dans les limites de la section, sous la contrainte d'une grille fixe, on applique un schéma de redistribution.

Il n'en est pas de même pour la coagulation. Celle-ci fait évoluer à la fois le nombre et la masse de chaque section. Le diamètre moyen de chaque section reste a priori dans les limites de la section, cependant il est utile de caractériser son évolution.

On définit une masse moyenne sur chaque section indépendamment de l'approche utilisée :

$$m_k(t) = \frac{Q_k(t)}{N_k(t)} \tag{3.41}$$

Celle-ci obéit à l'équation d'évolution suivante :

$$\frac{dm_k}{dt}(t) = \frac{1}{N_k}\frac{dQ_k}{dt}(t) - \frac{Q_k}{(N_k)^2}\frac{dN_k}{dt}(t) = \frac{1}{N_k}\left(\frac{dQ_k}{dt}(t) - m_k\frac{dN_k}{dt}(t)\right) \tag{3.42}$$

en utilisant (3.39) ou (3.40) on aboutit à la forme suivante :

$$\frac{dm_k}{dt}(t) = \frac{1}{N_k}\left[\sum_{l_1 \neq l_2}^{k} X_{l_1 l_2}^k N_{l_1} N_{l_2}(m_{l_1} + m_{l_2} - m_k) \right.$$
$$\left. + \sum_{l_1 = l_2}^{k} X_{l_1 l_2}^k N_{l_1} N_{l_2}(m_{l_1} - \frac{m_k}{2})\right] \tag{3.43}$$

où l'on voit que seuls les termes de gain des équations (3.39) ou (3.40) sont responsables de l'évolution des masses moyennes de chaque section. Le terme $X_{l_1 l_2}^k$ est défini selon l'approche utilisée.

On conçoit assez logiquement que la coagulation entre les sections l_1 et l_2 fait grossir le diamètre moyen de la section k si la somme de leurs masses moyennes, m_{l_1} et m_{l_2}, dépasse celle de la section k. Dans le cas contraire, elle le fait diminuer.

Si l'espacement des boîtes est de type géométrique, les couples $(j, k-1)$ et (j, k) sont pratiquement les seuls à contribuer par coagulation à la boîte k, de sorte que la variation de la masse moyenne (3.43) est très proche de :

$$\frac{dm_k}{dt}(t) \simeq \sum_{j=1}^{k-1} X^k_{j\,k-1} \frac{N_j N_{k-1}}{N_k}(m_j + m_{k-1} - m_k) + \sum_{j=1}^{k-1} X^k_{jk} N_j m_j \\ + X^k_{k-1\,k-1} \frac{(N_{k-1})^2}{N_k}\left(m_{k-1} - \frac{m_k}{2}\right) + \frac{1}{2} X^k_{kk} N_k m_k \quad (3.44)$$

Et en particulier, pour les premières sections, l'équation d'évolution (3.43) se réduit à :

$$\begin{aligned}\frac{dm_1}{dt} &= \frac{1}{2} X^1_{11} N_1 m_1 \\ \frac{dm_2}{dt} &= X^2_{11} \frac{(N_1)^2}{N_2}\left(m_1 - \frac{m_2}{2}\right) + X^2_{12} N_1 m_1 + \frac{1}{2} X^2_{22} N_2 m_2\end{aligned}$$

On en déduit que le diamètre moyen de la première section ne peut qu'augmenter. En effet, si on se place dans le cas où il n'y a qu'une seule section, la concentration numérique des particules diminue par coagulation mais la masse totale reste constante. Le diamètre moyen et donc la masse moyenne de la section augmentent pour satisfaire (3.41).

Pour la deuxième section, si son diamètre diminue, la différence $\left(m_1 - \frac{1}{2}m_2\right)$ devient positive, de sorte qu'il ne puisse ensuite qu'augmenter.

Dans le cas général (3.44), il est moins évident de conclure. Néanmoins, si les boîtes sont géométriquement distribuées, les masses moyennes sont de plus en plus espacées, $m_{k-1} \ll m_k$, si bien que les différences $(m_j + m_{k-1} - m_k)$ et $m_{k-1} - \frac{m_k}{2}$ restent négatives. Ceci explique pourquoi le diamètre moyen des grosses sections tend à diminuer.

Les figures 3.3a et 3.3b présentent l'évolution du diamètre moyen des sections au cours d'une simulation de coagulation, pour deux cas d'étude : un cas de pollution avec des conditions urbaines (*urbain*) et un cas de sortie de pot d'échappement (*diesel*), décrits plus précisément dans le paragraphe suivant.

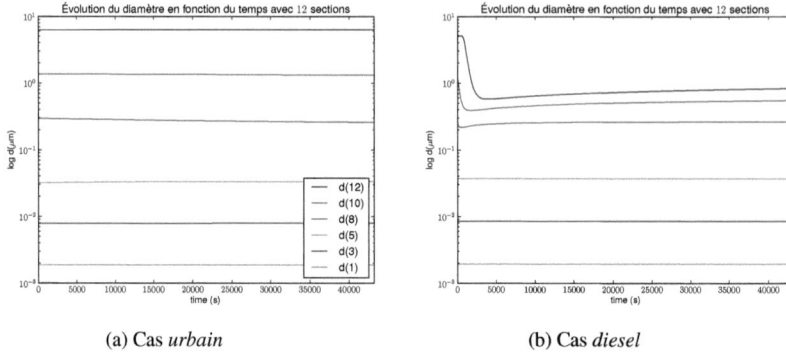

(a) Cas *urbain* (b) Cas *diesel*

FIGURE 3.3 – Évolution du diamètre moyen des sections pour les deux cas d'étude.

Dans le cas *diesel*, les nanoparticules sont en concentration importante et leur coagulation avec les aérosols plus grossiers fait diminuer le diamètre moyen des grosses sections jusqu'à le faire sortir de la section elle-même. D'autre simulations du cas *diesel* ont révélé que ce sont toujours les diamètres au dessus de $0.5\ \mu m$ qui diminuent de beaucoup dès le début de la simulation, ce comportement ne dépend donc pas du nombre de sections choisi. Ceci ne se produit pas dans le cas *urbain*, pour lequel les diamètres moyens des sections restent pratiquement égaux à leur valeurs initiales, en raison des concentrations plus faibles qui mènent à des taux de coagulation faibles.

De cette courte étude, on retire le fait que les équations de la coagulation ne garantissent à priori pas que les diamètres moyens restent dans les limites de leur sections, et que dans des conditions particulières, comme la présence simultanée de nanoparticules en grand nombre et de gros aérosols, ceux-ci sortent effectivement des limites des sections. Aussi, une étape de redistribution, similaire à celle effectuée pour la condensation/évaporation, peut s'avérer nécessaire dans le cas du couplage aux autres processus ou d'applications 3D eulériennes.

Dans la suite, les performances des deux approches présentées précédemment sont comparées sur deux cas d'études.

3.2.2 Simulations numériques

Pour évaluer les performances des deux approches précédentes, on effectue des simulations numériques pour deux cas d'études. Le premier consiste en une distribution d'aérosols atmosphériques de type régional, tirée de Seigneur et al. (1986) avec les conditions initiales urbaines, et la seconde en une distribution de particules mesurée en sortie d'un pot d'échappement de moteur diesel (Kittelson et al. (2006)).

Les distributions initiales sont de type tri-modales, on les désigne respectivement l'une et l'autre par *urbaine* et *diesel*. Les paramètres des modes de la distribution initiale *urbaine* sont données dans l'annexe A.6.2. Ceux de la distribution *diesel* sont ceux du tableau 2.7 du chapitre 2 sur la condensation/évaporation.

Dans les deux cas, le noyau de coagulation est de type brownien, tel que défini dans la partie 3.1.3, dans des conditions standard de température (298 K) et de pression atmosphérique (1 atm).

Les équations discrétisées (3.39) et (3.40) sont résolues avec une méthode de quadrature trapézoïdale explicite (ETR). Ce schéma est défini comme suit pour un système $\frac{dx}{dt} = f(x,t)$ et sur un pas de temps h :

$$\tilde{x}^{t+h} = x^t + hf(x^t, t)$$
$$x^{t+h} = x^t + \frac{h}{2}\left[f(x^t, t) + f(\tilde{x}^{t+h}, t+h)\right] \quad (3.45)$$

L'inconnue x est évaluée une première fois à l'ordre 1 en $t + h$, puis réévaluée à l'ordre 2 avec une quadrature trapézoïdale sur le pas de temps h.

Le diamètre et la masse moyenne de chaque section sont réévaluées à chaque pas de temps. Dans l'approche *noyau moyen*, le noyau de coagulation est recalculé à chaque pas de temps en utilisant les nouveaux diamètres. L'approche *noyau intégré* nécessite l'intégration du noyau de coagulation. Cette étape est effectuée avec une quadrature de Gauss [2].

La figure 3.4 illustre la coagulation de la distribution de pollution du cas *urbain* avec un nombre plus ou moins grand de points de quadrature.

---

2. La méthode de quadrature de Gauss à n points est une méthode de quadrature exacte pour un polynôme de degré $2n-1$ pris sur le domaine d'intégration. Si ce dernier est (a,b), les méthodes sont de la forme :

$$I = \int_a^b f(x)\varpi(x)\,dx \approx \sum_{i=1}^n \omega_i f(x_i) \quad (3.46)$$

où $\varpi : (a,b) \to \mathbb{R}_+$ est une fonction de pondération, qui peut assurer l'intégrabilité de f. Les ω_i sont appelés les coefficients de quadrature (ou poids). Les points x_i, ou nœuds, sont réels, distincts, uniques et sont les racines de polynômes orthogonaux pour le produit scalaire $\langle f, g \rangle = \int_a^b f(x)g(x)\varpi(x)\,dx$. Les poids et les nœuds sont choisis de façon à obtenir des degrés d'exactitude les plus grands possibles.

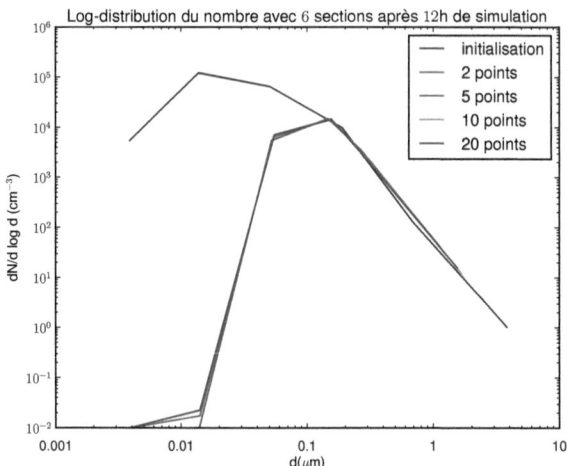

FIGURE 3.4 – Sensibilité de la coagulation de la distribution en nombre du cas *urbain* au nombre de points de quadrature.

La distribution finale est pratiquement insensible au nombre de points utilisé pour la quadrature. Ce résultat est cohérent dans la mesure où le noyau de coagulation est une fonction quadratique ou linéaire du diamètre des particules, pour lesquelles les quadratures de Gauss sont pratiquement exactes. Dans la suite, le nombre de points de Gauss est fixé à 10, ce qui permet d'obtenir une approximation suffisante tout en conservant un temps de calcul raisonnable.

Pour comparer les deux approches, on utilise une solution de référence obtenue avec l'approche *noyau moyen* en utilisant 100 sections et un très petit pas de temps. Dans les figures 3.5a et 3.5b, on vérifie que la solution de référence ne dépend pas de l'approche utilisée, pour les deux cas d'étude.

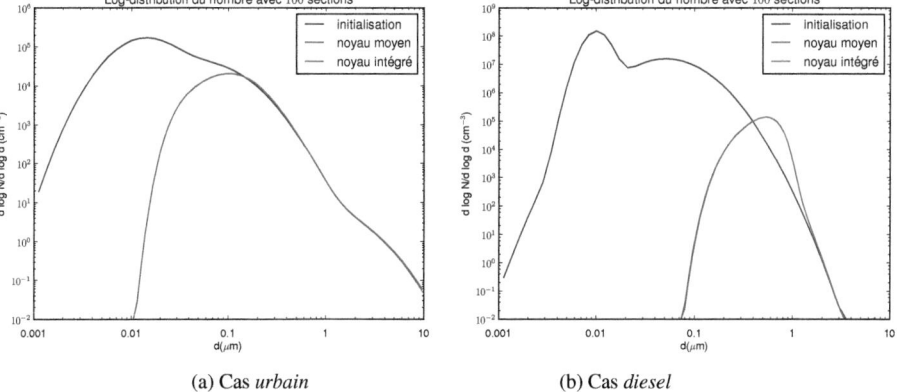

(a) Cas *urbain* (b) Cas *diesel*

FIGURE 3.5 – Simulation de référence après 12 heures de coagulation pour chaque cas d'étude.

On remarque tout d'abord que le nombre de particules de diamètre inférieur au micromètre a drastiquement diminué dans les deux cas, et surtout pour la distribution de diesel. Les particules plus grossières, de masses plus importantes mais moins nombreuses, ne sont quasiment pas affectées par la coagulation brownienne. C'est un résultat classique de la coagulation.

Les figures 3.6 et 3.7 représentent l'évolution comparée, par les approches *noyau moyen* et *noyau intégré*, de chaque distribution initiale, après une durée de simulation de 12 heures, et pour différents nombres de sections.

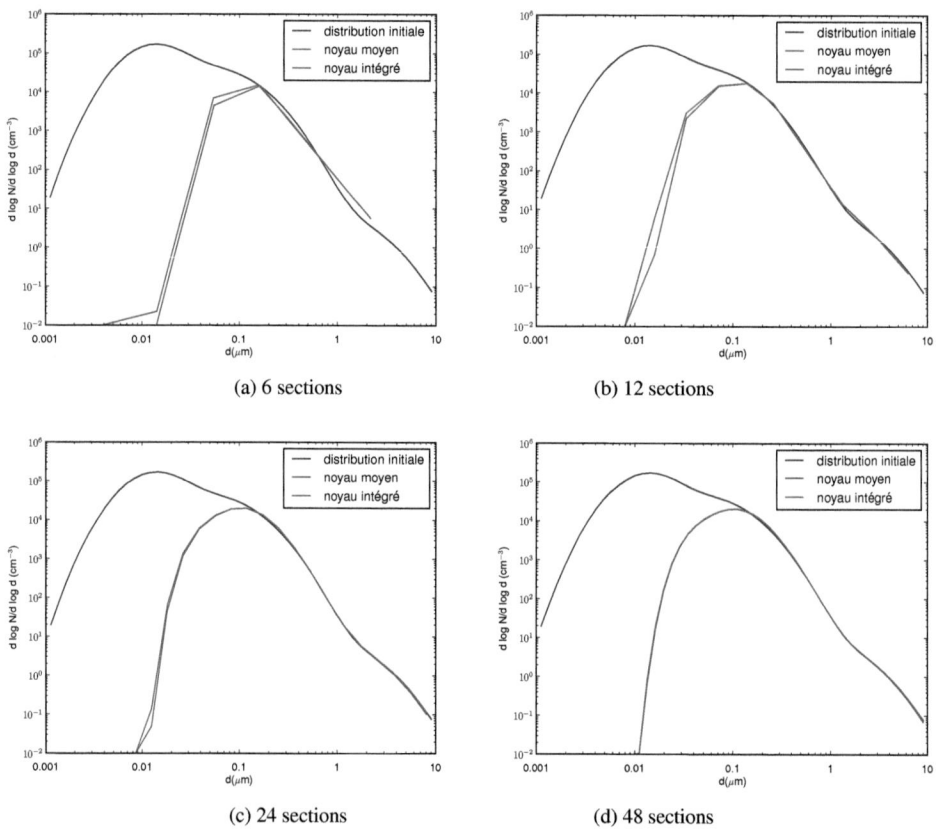

FIGURE 3.6 – Évolution de la distribution en nombre pour le cas *urbain* suivant les deux approches.

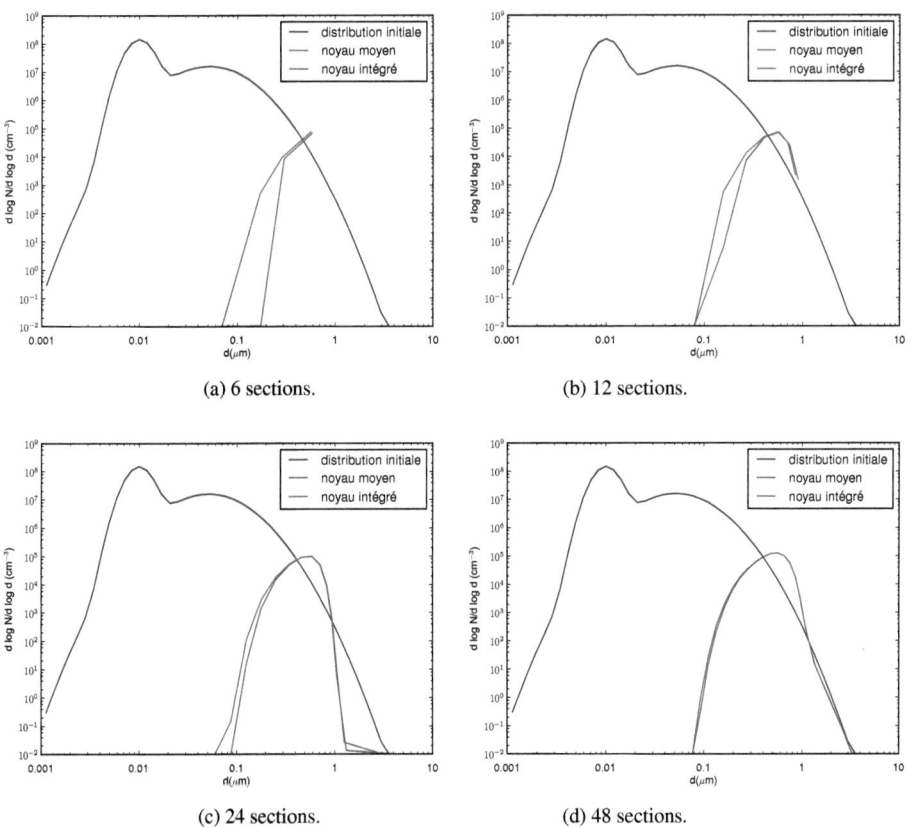

FIGURE 3.7 – Évolution de la distribution en nombre pour le cas *diesel* suivant les deux approches.

Les erreurs relatives, par rapport à la référence, associées à ces simulations sont rassemblées dans les tableaux 3.1 et 3.2. Le calcul d'erreur est effectué selon la formulation donnée en annexe A.2 pour le nombre (N), le logarithme du nombre (log N) et la masse (Q) des particules, pour différents nombres de sections.

Tableau 3.1 – Erreur relative pour le cas de pollution urbaine.

Calcul du	Concentration	Nombre de sections			
noyau	des particules	6	12	24	48
Noyau	N	0.51	0.13	0.06	0.05
moyen	log N	0.33	0.10	0.04	0.02
	Q	0.82	0.27	0.16	0.13
Noyau	N	0.57	0.15	0.07	0.05
intégré	log N	0.44	0.12	0.05	0.02
	Q	0.76	0.28	0.18	0.15

Tableau 3.2 – Erreur relative dans le cas du moteur diesel.

Calcul du	Concentration	Nombre de sections			
noyau	des particules	6	12	24	48
Noyau	N	1.82	1.25	0.63	0.22
moyen	log N	0.67	0.43	0.20	0.05
	Q	1.96	1.71	0.82	0.46
Noyau	N	1.74	1.24	0.66	0.23
intégré	log N	0.88	0.54	0.24	0.07
	Q	1.96	1.71	0.84	0.48

On observe des différences sensibles entre les deux approches *noyau moyen* et *noyau intégré*, lorsque seul un petit nombre de sections ($<$ 24) est utilisé. Cette différence est plus notable avec la distribution *diesel*, ce qui est dû au fait qu'elle contient davantage de particules ultrafines que la distribution urbaine. Les erreurs diminuent et les différences s'estompent lorsque le nombre de sections augmente.

Pour un petit nombre de sections, l'approche *noyau intégré* donne des résultats plus éloignés de la solution de référence dans le cas du logarithme de la concentration en nombre quelle que soit la distribution utilisée. Les résultats varient selon la concentration utilisée pour six sections ; ils sont plutôt meilleurs pour le noyau moyen avec douze sections et uniformément meilleurs pour le le noyau moyen avec vingt-quatre sections. On aurait pu penser a priori que l'intégration du noyau sur les sections offrirait une meilleure précision coagulation que son évaluation en un point des sections, surtout à faible nombre de boîtes.

Néanmoins, le développement rigoureux des équations discrétisées montre que les deux approches induisent une erreur, proportionnelle à la variation de la distribution de concentrations en nombre pour la méthode *noyau intégré*, et à la variation du noyau de coagulation pour la méthode *noyau moyen*. Cette différence est en particulier visible sur le terme de perte qui joue un rôle important dans l'évolution des nanoparticules.

Or les distributions initiales varient justement sur plusieurs ordres de grandeur pour les particules submicroniques, alors que le noyau de coagulation, quant à lui, est constant en première approximation (cf. partie 3.1.3), d'où une erreur plus importante pour l'approche *noyau intégré*. Ceci explique les performances plus faibles de l'approche *noyau intégré*.

Dans la suite, on retient l'approche *noyau moyen*.

3.3 Forces de van der Waals

Les forces de van der Waals résultent de l'interaction entre dipôles formés momentanément dans des molécules non polarisées et non chargées. Ces dipôles naissent des fluctuations du nuage électronique des atomes des molécules. Ce sont des forces à la fois attractives et répulsives. Elles sont d'intensité plus faibles que les liaisons inter-atomiques et les forces électrostatiques (ou ioniques), et sont de courte portée. Elles n'en jouent pas moins un rôle essentiel dans des phénomènes physiques au niveau moléculaire, tels la capillarité, la tension de surface et le « collage » des particules après collision (Beard and Ochs (1984); Pruppacher et al. (1998)).

Au niveau macroscopique des aérosols, l'intégration de ces forces sur le volume des particules résulte en une force attractive dont le potentiel est le suivant pour deux particules sphériques de rayon r_a et r_b :

$$E(R) = -\frac{A}{6}\left[\frac{2r_ar_b}{R^2-(r_a+r_b)^2} + \frac{2r_ar_b}{R^2-(r_a-r_b)^2} + \ln\left(\frac{R^2-(r_a+r_b)^2}{R^2-(r_a-r_b)^2}\right)\right]$$

(3.47)

où R est la distance de centre à centre des particules, c'est-à-dire la somme des rayons et de la distance qui sépare les surfaces de deux particules, $R = r_a+r_b+r$, et A est la constante de Hamaker. Celle-ci dépend des composés chimiques de la particule, elle est positive, de l'ordre de 10^{-20} Joules, mais variable selon le composé chimique. Nous revenons sur la sensibilité à cette constante dans la suite.

La force d'attraction qui résulte de ce potentiel $(-dE/dR)$ reste faible et de courte portée, inversement proportionnelle à R^6. Pour des particules microniques et au-dessus, elle est négligeable devant les forces de gravité, d'inertie ou de traînée. Mais plus le rayon de la particule diminue plus elle entre en concurrence avec les autres forces en présence.

Elle est de fait incontournable pour la coagulation des nanoparticules. Plusieurs études (Friedlander (1977); Twomey (1977); Okuyama et al. (1984); Marlow (1980a); Schmidt-Ott and Burtscher (1982); Alam (1987)) mettent expérimentalement en évidence l'accroissement significatif du taux de coagulation des particules dans le régime moléculaire libre et le régime de transition, par rapport à la formulation brownienne classique (cf. partie 3.1.3). Les particules utilisées sont le plus souvent formées à partir de NaCl, $ZnCl_2$ ou d'argent.

Dans ces travaux, l'accroissement du taux de coagulation est expliqué et modélisé par un facteur correctif dû aux forces de van der Waals. Friedlander (1977) et Twomey (1977) présentent une formulation de ce facteur correctif pour les régimes continu et moléculaire libre. Marlow (1980a,b) et Schmidt-Ott and Burtscher (1982); Burtscher and Schmidt-Ott (1982) reprennent et étendent ces formulations au régime de transition en utilisant la méthode d'interpolation de Fuchs (Fuchs (1964)).

Si les grosses particules ne sont pas concernées par les forces de van der Waals, elles sont en revanche sujettes à des forces répulsives de viscosité qui réduisent l'effet de la coagulation entre elles. Or, la coagulation étant très forte entre petites et grosses particules, et dans la mesure où les forces de van der Waals agissent sur les petites particules et les forces de viscosité sur les grosses, il est nécessaire de les prendre également en considération dans la modélisation. Ces forces sont liées à l'aérodynamique des particules qui, lorsqu'elles sont assez grosses, modifient l'écoulement de l'air autour d'elles. Spielman (1970) montre que cet effet se traduit par une diminution du coefficient de diffusion relatif $D_{ab} = D_a + D_b$ des deux particules. Alam (1987) donne une expression analytique de la correction apportée :

$$\frac{D_{ab}}{D'_{ab}}(R) = 1 + \frac{2.6\, r_a r_b}{(r_a + r_b)^2} \sqrt{\frac{r_a r_b}{(r_a + r_b)(R - r_a - r_b)}} + \frac{r_a r_b}{(r_a + r_b)(R - r_a - r_b)}$$

(3.48)

Cette diminution du coefficient de diffusion affecte surtout les particules en régime continu dont le noyau de coagulation (3.14) est directement proportionnel à ce coefficient. Alam (1987) fait la synthèse des forces de van der Waals et de viscosité (Spielman (1970)) en suivant la méthodologie de Sherman (1963).

Néanmoins, les formulations mathématiques issues des travaux précédemment cités sont souvent très complexes et inenvisageables dans un contexte opérationnel. Plus récemment, Jacobson (2005) propose une formule basée sur Alam (1987), et Cho and Michelangeli (2008) proposant une formule simplifiée sur la base des travaux Chan and Mozurkewich (2001) et de Sceats (1989).

L'objet de cette partie est d'étudier l'effet des forces de van der Waals sur la coagulation d'une distribution d'aérosols principalement composée de particules ultrafines. Plusieurs formulations sont disponibles, nous comparons leur effet et testons leur applicabilité dans un contexte plus opérationnel.

Dans un premier temps, nous explicitons les formules retenues, puis nous présentons des résultats de simulations numériques de la coagulation avec les forces de van der Waals et de viscosité, tout en caractérisant leur sensibilité à la constante d'Hamaker.

3.3.1 Les formulations

D'une manière générale, l'effet des forces de van der Waals sur la coagulation se traduit par un facteur correctif ω :

$$\widetilde{K} = \omega K \tag{3.49}$$

où K est le noyau de coagulation brownien des différents régimes (cf. partie 3.1.3). Comme pour celui-ci, le facteur correctif prend plusieurs formes suivant le régime de la particule.

Régime continu

Le facteur correctif en régime continu a pour expression (Alam (1987)) :

$$\omega_c = \left[(r_a + r_b) \int_{r_a+r_b}^{\infty} \frac{D'_{ab}}{D_{ab}}(R) \exp\left(\frac{E(R)}{k_b T}\right) \frac{dR}{R^2} \right]^{-1} \tag{3.50}$$

où $E(R)$ est le potentiel de van der Waals (3.47), k_b la constante de Boltzmann, T la température du milieu (air et aérosol) et D'_{ab}/D_{ab} est le facteur correctif (3.48) lié aux forces de viscosité.

Régime moléculaire libre

Le facteur correctif du régime moléculaire libre a pour expression (Schmidt-Ott and Burtscher (1982)) :

$$\omega_m = -\frac{1}{2(r_a + r_b)^2 k_B T} \int_{r_a+r_b}^{\infty} \left(\frac{dE(R)}{dR} + R\frac{d^2 E(R)}{dR^2} \right) \\ \times \exp\left[-\frac{1}{k_b T}\left(\frac{R}{2}\frac{dE(R)}{dR} + E(R) \right) \right] R^2 \, dR \tag{3.51}$$

Régime de transition

On a déjà vu en partie 3.1.3 que le noyau de coagulation en régime de transition pour ce régime est issu d'une formule d'interpolation entre les expressions du noyau en régimes moléculaire libre et continu.

La même méthodologie est appliquée pour déterminer un facteur correctif ω_t. Celui-ci a pour expression (Alam (1987); Jacobson and Seinfeld (2004); Jacobson (2005)) :

$$\omega_t = \frac{\omega_c \left(1 + \frac{4D}{vd}\right)}{1 + \frac{\omega_c}{\omega_m}\frac{4D}{vd}} \tag{3.52}$$

où D est le coefficient de diffusion relatif des deux particules, v la vitesse quadratique moyenne des deux particules, $v = \sqrt{v_{qm_a}^2 + v_{qm_b}^2}$, et d le diamètre moyen des deux particules, $d = r_a + r_b$.

Cependant, la procédure d'interpolation entre les régimes moléculaire libre et continu peut mener, pour la correction du noyau lui-même, à des formulations différentes :

— Jacobson and Seinfeld (2004); Jacobson (2005)) et méthode d'interpolation de Fuchs (1964) :

$$\widetilde{K^t} = K^t \omega_t = \frac{4\pi dD}{\frac{d}{d+\delta} + \frac{4D}{vd}} \left[\frac{\omega_c \left(1 + \frac{4D}{vd}\right)}{1 + \frac{\omega_c}{\omega_m} \frac{4D}{vd}} \right] \quad (3.53)$$

où l'on reconnaît la formule (3.17) pour K^t.

— Alam (1987) et méthode d'interpolation de Sherman (1963) :

$$\widetilde{K^t} = 4\pi dD \frac{\omega_c}{1 + \frac{\omega_c}{\omega_m} \frac{4D}{vd}} \quad (3.54)$$

ce qui revient à considérer que $\delta = 1$ dans la formulation (3.53), c'est-à-dire que l'égalité des flux est effectuée directement à la surface de la particule, et non à une certaine distance de saut (3.12) de celle-ci.

Dans la suite, nous considérons uniquement la formule (3.53), la formule (3.54) apparaissant ici comme un cas particulier moins complet. Par ailleurs, la formulation de Cho and Michelangeli (2008), bien que plus facile à calculer, n'est pas considérée dans la suite en raison des incohérences constatées avec les formulations du noyau présentées précédemment. Plus précisément, les formulations des noyau en régimes continu et moléculaire libre diffèrent des formulation classiques (équations 3.14 et 3.16) d'un facteur 2 :

$$K^c_{Cho(1,2)} = \pi(D_1 + D_2)(d_{p_1} + d_{p_2})$$
$$K^m_{Cho(1,2)} = \frac{\pi}{8}(d_{p_1} + d_{p_2})\sqrt{v_{qm_1}^2 + v_{qm_2}^2}$$

3.3.2 Constante de Hamaker

On a vu que le potentiel de van der Waals dépend de la constante de Hamaker (3.47). Nous donnons ici quelques précisions sur le calcul de ce paramètre pour des particules multicomposées.

Cette constante dépend en réalité non seulement des molécules entre lesquelles s'exercent les forces de van der Waals, mais aussi du milieu dans lequel elles évoluent (eau, air, vide, ...).

Pour des sphères monocomposées, la constante de Hamaker admet une formulation simplifiée (Friedlander (1977); Seinfeld and Pandis (2006)) :

$$A_{ab} = \pi^2 C_d \rho_a \rho_b \tag{3.55}$$

où ρ_a et ρ_b sont les densités moléculaires respectives du composé de chaque particule, en nombre de molécules par unité de volume, et C_d est le coefficient de dispersion de London. Ce coefficient ne dépend que des molécules en jeu et du milieu, en particulier il est indépendant de la géométrie des particules. On trouve dans Erbil (2006) et Israelachvili (2011) une formulation plus complète grâce à laquelle il est possible de le calculer pour différents cas de figure. Le tableau 3.3 (Israelachvili (1992)) rassemble les principales valeurs théoriques de la constante d'Hamaker pour des particules composées du même matériau, à température ambiante, à l'air libre.

Tableau 3.3 – Constante de Hamaker (A) suivant le composé dans l'air à $20°C$

composé	$A_{aa} \times 10^{-20} J$	composé	$A_{aa} \times 10^{-20} J$
eau	4.4	Al_2O_3	14.8
NaCl	6.6	métaux (Au,Ag,Cu)	25-40
KCl	5.6	polystyrène	7.2
carbone	30.7	hydrocarbures	4-10
éthanol	4.2	TiO_2	14.6
$CaCO_3$	3	acétone	2.9

D'une manière générale, la constante de Hamaker se situe entre 10^{-19} et 10^{-21} Joules (Graham and Homer (1973); Marlow (1980a)). Lorsque les particules ne sont pas faites du même matériau, la constante de Hamaker est approchée par la moyenne géométrique des valeurs pour chaque composé : $A_{ab} \simeq \sqrt{A_{aa}A_{bb}}$.

La constante de Hamaker dépend également, mais plus faiblement, de la température. Aussi est-elle souvent donnée sous une forme réduite adimensionnelle A/k_bT, dont les valeurs, à température constante, peuvent s'étendre de 20 à 200 (Visser (1972); Alam (1987); Jacobson (2005)).

Si le potentiel de van der Waals (3.47) est directement proportionnel à la constante de Hamaker, son effet sur les facteurs correctifs de la coagulation n'est pas pour autant évident. Le facteur correctif ω_t est représenté dans la figure 3.8 en fonction du nombre de Knudsen, pour deux particules ayant le même nombre de Knudsen, avec une température fixée à $300\ K$.

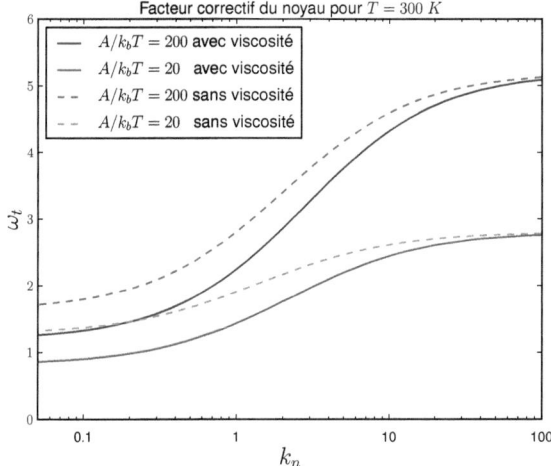

FIGURE 3.8 – Facteur correctif ω_t du noyau de coagulation suivant les forces prises en compte en fonction du nombre de Knudsen.

Le facteur diffère selon de la constante d'Hamaker choisie et la prise en compte ou non des forces de viscosité. Les forces ont davantage d'effet pour des valeurs importantes de la constante d'Hamaker. Cependant, on remarque que si celle-ci est multipliée par 10, le facteur correctif ω_t n'augmente au maximum que d'un facteur 2, il semble donc être relativement peu sensible à cette constante.

Selon la taille des particules considérées, ω_t varie d'un facteur 5 et est toujours plus grand pour les nanoparticules (grand nombre de Knudsen). On peut s'attendre donc à ce que la coagulation des nanoparticules se produise 5 fois plus vite que celle des particules grossières, du fait de ces forces, ce qui ne peut être négligé dans la modélisation.

Les forces de van der Waals voient leur effet contrebalancé par les forces de viscosité, qui ralentissent la coagulation. Pour les nanoparticules, l'effet combiné des forces de van der Waals et de viscosité reste tout de même d'un facteur supérieur à 2. Avec une constante d'Hamaker suffisamment petite, le facteur correctif devient inférieur à 1 pour les grosses particules (petit nombre de Knudsen), c'est-à-dire que pour celles-ci les forces de viscosité prennent le pas sur les forces de van der Waals.

Dans la partie suivante, nous évaluons la sensibilité des simulations de la coagulation de différentes distributions à ce paramètre.

3.3.3 Simulations numériques

L'objet des simulations numériques suivantes est d'étudier l'évolution d'une distribution d'aérosols sous l'effet de la coagulation avec les forces de van der Waals, combinées ou non aux forces de viscosité, telles que formulées par (3.53) et (3.54), et de tester la sensibilité à la constante de Hamaker.

Les forces de van der Waals compliquent singulièrement le calcul du noyau de coagulation (3.53) en introduisant des intégrales (3.50) et (3.51). Celles-ci sont évaluées à chaque pas de temps avec une quadrature de Gauss utilisant 10 points. Le temps calcul de la simulation en est multiplié par environ 30, cette augmentation est indépendante du nombre de sections. Cela représente un surcout important, cependant, étant donnée l'expression de ces intégrales, il est possible de les pré-calculer suivant les paramètres principaux dont elles dépendent, à savoir le diamètre des particules et la température.

Les simulations numériques s'effectuent dans les mêmes conditions que pour la partie 3.2.2. Les figures 3.9a et 3.9b illustrent l'évolution de la distribution de particules du cas *urbain* de pollution régionale (cf. tableau A.3 en annexe) avant et après 12 heures de coagulation, avec ou sans forces de van der Waals et avec ou sans forces de viscosité, pour deux valeurs de la constante d'Hamaker.

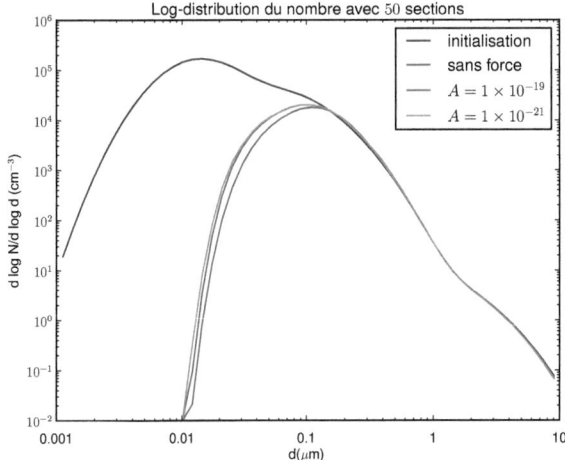

(a) avec forces de van der Waals et sans forces de viscosité

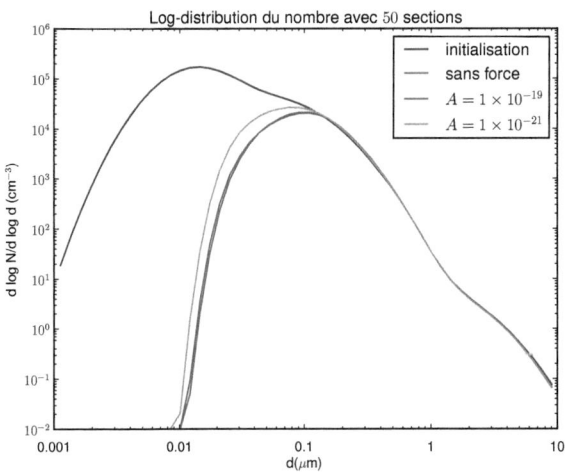

(b) avec forces de van der Waals et avec forces de viscosité

FIGURE 3.9 – Évolution de la distribution du cas *urbain* par coagulation.

Comme attendu, les forces de van der Waals n'ont aucun effet sur la coagulation des grosses particules, au-dessus de $0.2~\mu m$ de diamètre. En deçà, elles renforcent la coagulation des petites particules, qui disparaissent complètement. Il s'en suit une légère augmentation des particules autour de $0.1~\mu m$ de diamètre.

Les forces de viscosité peuvent annuler l'effet des forces de van der Waals et diminuer le taux de coagulation si la constante d'Hamaker est faible, comme noté sur la figure 3.8.

Les figures 3.10a et 3.10b illustrent l'évolution d'une distribution de particules issue du cas *diesel* précédemment décrit (tableau 2.7) selon le même protocole que les figure 3.9a et 3.9b, et pour deux valeurs classiques de la constante de Hamaker.

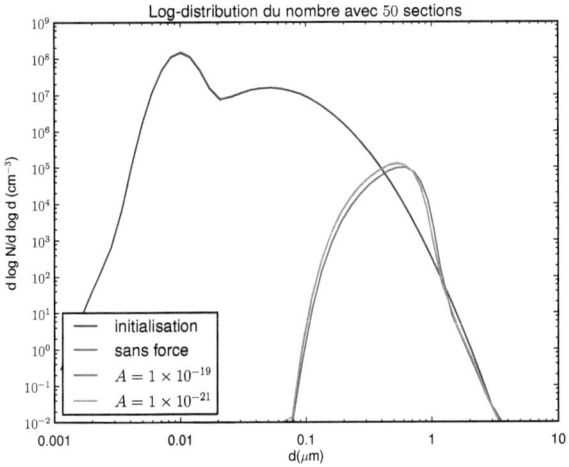

(a) avec forces de van der Waals et sans forces de viscosité

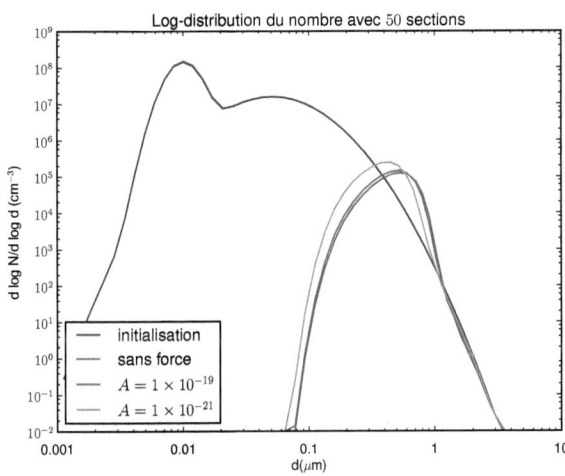

(b) avec forces de van der Waals et avec forces de viscosité

FIGURE 3.10 – Évolution de la distribution *diesel* par coagulation.

La coagulation a beaucoup plus d'effet sur cette distribution qui est majoritairement composée de particules ultrafines. Avec une constante de Hamaker parmi les plus élevées ($10^{-19}J$), les forces de van der Waals n'ont pratiquement aucun effet.

Pour une valeur 100 fois plus faible de la constante de Hamaker, la simulation « avec forces » se différencie nettement de celle « sans force » : la concentration en particules fines est plus importante et celle des grosses particules a légèrement diminuée (cf. figure 3.10b). Cet effet ne peut provenir que des forces de viscosité (cf. formule (3.53)).

Les figures 3.11a et 3.11b présentent l'évolution de la concentration numérique sommée sur toutes les sections au cours de la simulation, pour les deux cas d'étude.

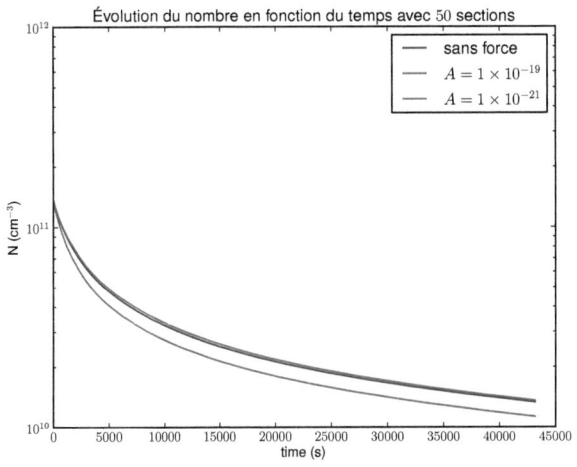

(a) Cas *urbain*

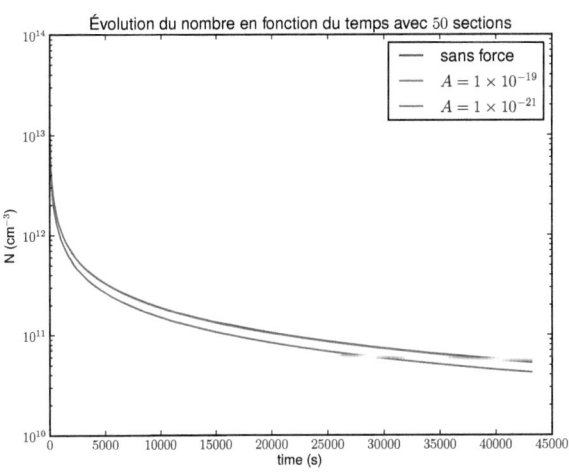

(b) Cas *diesel*

FIGURE 3.11 – Évolution du nombre total par coagulation avec forces de van der Waals et sans forces de viscosité

On observe que lors d'une simulation de 12 heures, dans le cas *urbain*, la concentration en nombre, initialisée à $1.5 \times 10^{11} \#.cm^{-3}$, atteint $2 \times 10^{10} \#.cm^{-3}$ deux heures plus tôt lorsque les forces de van der Waals sont prises en compte. Dans le cas *diesel*, avec une concentration en nombre initiale de $1 \times 10^{13} \#.cm^{-3}$, il faut environ 1h25 de moins pour atteindre $1 \times 10^{11} \#.cm^{-3}$.

De cette étude, on retient premièrement que les forces de van der Waals ont un effet relativement modéré sur la coagulation de distributions de particules issue d'un environnement urbain et présentant un grand nombre de nanoparticules. On note ensuite que cet effet est sensible à la constante de Hamaker, surtout si les forces de viscosité entrent en compétition avec les forces de van der Waals. L'effet des forces de van der Waals est plus visible sur l'évolution cinétique de la coagulation, dans la mesure où, si la distribution finale change peu de forme avec ces forces, elle est en revanche atteinte plus vite, au moins en ce qui concerne le nombre total de particules.

Plus généralement, on peut se demander pourquoi les forces de van der Waals jouent assez peu sur la coagulation des distributions présentées, alors qu'elles multiplient au moins par deux la coagulation des nanoparticules. La raison est que dans les distributions utilisées, les nanoparticules sont en présence de particules plus grosses avec lesquelles la coagulation s'effectue préférentiellement. La figure du noyau de coagulation suivant le diamètre des particules (3.2) montre effectivement que celui-ci est plus grand entre particules de diamètres différents. Et dans ce cas, l'effet des forces de van der Waals est sans doute plus limité, car les grosses particules n'y sont pas sensibles, mais sont au contraire sujettes aux forces de viscosité.

On peut donc conjecturer que la conclusion ne serait pas la même pour une distribution très majoritairement composée de nanoparticules, comme un épisode local de nucléation en atmosphère propre, pour laquelle les forces de van der Waals auraient un impact plus significatif.

3.4 Conclusion

L'objet de cette partie a été l'étude de l'impact de la coagulation sur la granulométrie des nanoparticules. En effet, leur concentration est grandement diminuée par ce processus, et cela en un temps très court : elle est divisée par 5 en deux heures dans la simulation du cas *urbain*. Dans cette optique, nous nous sommes posé deux questions susceptibles de revoir la solution numérique apportée à ce processus.

La première question concerne l'évaluation numérique du noyau de coagulation dans le cadre d'une approche sectionnelle, et la seconde la prise en compte de forces additionnelles qui renforcent ou diminuent significativement la « vitesse » de coagulation.

Pour répondre à ces deux questions, nous avons effectué des simulations numériques en 0D à partir de distributions de particules réalistes, correspondant à un milieu urbain, dans le cas de la coagulation brownienne.

Dans la première étude, une approche a été développée dans laquelle le noyau de coagulation est intégré sur les sections (noyau intégré), et comparée à l'approche selon laquelle le noyau est approché ponctuellement sur chaque section (noyau moyen). On montre que le noyau intégré n'apporte pas d'amélioration significative par rapport au noyau moyen, pour la plupart des cas d'étude envisagés. Cette constatation est cohérente avec les termes d'erreurs mis en évidence lors de la discrétisation de l'équation de coagulation (3.1). En effet, l'utilisation des noyaux moyens intégrés entraîne une erreur qui dépend de la variation de la concentration en nombre en fonction de la taille des particules alors que l'utilisation du noyau moyen entraîne une erreur qui dépend de la variation du noyau de coagulation en fonction de la taille des particules ; or la concentration en nombre tend à varier plus fortement que la valeur du noyau de coagulation.

La seconde étude a visé à étudier l'effet des forces de van der Waals et de viscosité sur la coagulation des nanoparticules. On a montré que les forces de van der Waals et de viscosité ont un impact relativement modéré sur la distribution finale obtenue après 12 heures de coagulation, pour les deux types de conditions initiales. Néanmoins, ces forces ont un effet sur la cinétique de la coagulation, c'est-à-dire que la distribution finale, qui conserve la même forme, est cependant atteinte plus tôt que dans le cas de la coagulation brownienne ne prenant pas en compte ces forces. Cette conclusion est néanmoins dépendante des cas d'étude envisagés.

De cette partie, nous retenons donc que l'utilisation du noyau moyen de coagulation pour la discrétisation des équations de coagulation est adaptée pour les nanoparticules, et qu'il est nécessaire de considérer les forces de van der Waals et de viscosité en raison de leur impact sur le noyau de coagulation lui-même. Dans la suite, la constante de Hamaker est fixée à une valeur moyenne de 10^{-20} Joules.

Chapitre 4

Nucléation et couplage des processus

L'objet de ce chapitre est le traitement de la nucléation et son couplage aux processus de la dynamique de coagulation et condensation/évaporation précédemment intégrés.

Le processus de nucléation est une source de nanoparticules non négligeable tant dans l'atmosphère qu'en air intérieur. De nombreuses paramétrisations existent pour ce processus. Dans la partie qui lui est consacrée, nous expliquons le choix de la paramétrisation et présentons des simulations numériques d'épisodes de nucléation dans l'atmosphère, intégrant coagulation et condensation/évaporation.

4.1 Introduction

La nucléation désigne la formation de nouvelles particules par agrégation de plusieurs molécules à l'état gazeux et peu ou pas volatiles. Lorsque l'agrégat atteint une taille critique, qui se situe généralement entre 1 et 3 nanomètres, il devient thermodynamiquement stable, et donc susceptible de grossir par condensation et coagulation.

La nucléation est dite homogène lorsqu'elle se produit à partir des seuls composés gazeux de l'air et hétérogène lorsqu'elle est catalysée par un matériau condensé préexistant (poussière, surface, ...). Elle est homomoléculaire lorsqu'elle fait intervenir une seule espèce chimique et hétéromoléculaire dans le cas contraire. En particulier, on parle de nucléation binaire et ternaire pour deux et trois composés chimiques.

C'est une source conséquente de nanoparticules non seulement en air extérieur, mais aussi en air intérieur. Dans l'atmosphère libre, des épisodes de nucléation sont observés dans presque tous les environnements et en toute saison (Qian and Sakurai (2007); Kulmala et al. (2004)). Les épisodes de nucléation sont cependant plus fréquents et plus intenses au printemps [1] et ont lieu davantage en journée que la nuit (Erupe et al. (2010)). Le principal responsable de la nucléation est le mélange binaire eau-acide sulfurique, mais pas uniquement. Au-dessus des forêts, des espèces organiques secondaires, issues de l'oxydation des composés organiques volatils émis en quantité par la végétation (terpènes, isoprène, ...), sont aussi susceptibles de former des particules par nucléation (Zhang et al. (2010b); Holmes (2007)).

En air intérieur, des expériences montrent que l'oxydation des COV émis par les peintures, solvants et autres produits d'entretien mène aussi à la formation de composés organiques peu volatils pouvant nucléer (Jan Hovorka and Brani (2011)). Néanmoins, leur temps de résidence dans l'air reste limité à quelques dizaines de minutes du fait de l'intervention rapide du dépôt sur les parois.

Les taux de nucléation mesurés dans l'air libre vont de $0.01 \ \#.cm^{-3}.s^{-1}$ à $100 \ \#.cm^{-3}.s^{-1}$ dans les milieux urbains, voire jusqu'à $10^5 \ \#.cm^{-3}.s^{-1}$ dans des environnements très pollués (Kulmala et al. (2004)). La nucléation entraîne donc une évolution rapide de la distribution granulométrique des particules nanométriques, comparativement à la coagulation et à la condensation/évaporation. Plusieurs études (Lihavainen et al. (2003); Kerminen et al. (2005); Laaksonen et al. (2005); Merikanto et al. (2009)) attestent aussi du lien direct entre la nucléation et la formation des gouttes de nuage par activation. Le suivi des nanoparticules dans l'air extérieur et intérieur, à des fins d'études d'impact local et du climat, requiert donc une modélisation précise de ce processus.

Dans cette partie, nous passons brièvement en revue les différentes paramétrisations de ce processus et ce qui nous a conduit à choisir celle de Kuang et al. (2008). Nous replaçons ensuite ce processus dans l'équation d'évolution (GDE) de la distribution en nombre des particules et nous effectuons des simulations numériques d'épisode de nucléation en 0D.

4.2 Paramétrisations

On se réfère à Holmes (2007) et Zhang et al. (2010a) pour une bibliographie détaillée des différentes paramétrisations.

La nucléation homogène binaire eau/acide sulfurique a été le premier processus étudié (Jaecker-Voirol and Mirabel (1989)) dans le cadre de la pollution atmosphérique. En effet, du fait de sa pression de vapeur saturante très faible, $3.3 \times 10^{-3} \ Pa$ à $23°C$ (Roedel (1979)), l'acide sulfurique change de phase spontanément avec la vapeur d'eau pour former des nouvelles particules.

---
1. Dans les zones tempérées où ils sont observés.

Les premières formulations de ce processus sont tirées de la théorie cinétique, pour le cas homomoléculaire. Les molécules de H_2SO_4 sont considérées comme des monomères qui s'assemblent progressivement en k-mères, agrégats composés de k monomères, selon une loi similaire à la coagulation (collision entre molécules), jusqu'à atteindre une taille k_0 ($k_0 \gg 1$), seuil thermodynamique de stabilité. Il y a deux formulations possibles suivant les hypothèses que l'on fait :

1 - Si l'on considère que l'agrégation se produit seulement entre monomères et k-mères et qu'il s'établit un équilibre thermodynamique entre les différentes tailles d'agrégats, le taux de nucléation prend la forme suivante, à l'état stationnaire (Seinfeld and Pandis (2006)) :

$$J_0(t) = C \exp\left(-\frac{\Delta G^*}{k_b T}\right) \quad (4.1)$$

où C est une constante de normalisation, k_b la constante de Boltzmann, T la température et ΔG^* la variation d'énergie libre (ou de Gibbs) du mélange gazeux (k_0 monomères) à la particule (k_0-mère). Cette variation d'énergie libre agit comme une barrière énergétique qui limite la nucléation, elle est due à la tension de surface de la particule formée.

Cette formule classique de la nucléation montre que la température tend à favoriser la nucléation en aidant le mélange gazeux à franchir cette barrière énergétique, cette propriété ne se retrouve pas forcément dans toutes les paramétrisations (Zhang et al. (2010a)).

2 - En revanche, si l'on suppose que l'agrégation se produit entre toutes les tailles possibles de k-mères et que l'évaporation de monomères est négligeable, alors l'équation discrète de coagulation donne une expression analytique du taux de nucléation (McMurry (1980)).

Le taux obtenu est uniquement limité par la vitesse de collision des k-mères entre eux. De ce fait, il constitue une limite supérieure au taux de nucléation (Zhang et al. (2010a)). En particulier, une paramétrisation qui dépasse le taux de formation de dimère

$$J_{\text{dimer}} = \frac{1}{2}\beta_{11}(N_1)^2 \quad (4.2)$$

où β_{11} et N_1 sont respectivement la fréquence de collision et la concentration des monomères, n'est pas réaliste.

La formulation (4.1) du taux de nucléation est étendue au cas binaire H_2SO_4-H_2O. La variation d'énergie libre ne dépend alors plus seulement de la tension de surface, mais aussi de la fraction en eau de la particule formée et donc, du taux d'humidité de l'air.

Les formules de la théorie cinétique sont couteuses en temps calcul, en partie à cause de la complexité de la thermodynamique, qui appelle souvent à résoudre des systèmes non-linéraires. Aussi, plusieurs paramétrisations ont été développées pour la nucléation binaire H_2SO_4-H_2O (Wexler et al. (1994); Raes et al. (1992); Pandis et al. (1994); Harrington and Kreidenweis (1998); Kulmala et al. (1998); Vehkamaki et al. (2002); Yu (2007)), dans le but d'être utilisées dans des modèles de chimie-transport. Elles ont en commun d'être des approximations polynomiales de formules théoriques ou de données expérimentales. Elles sont fonction de la température, du taux d'humidité et de la concentration gazeuse en H_2SO_4. Ces paramétrisations donnent aussi le diamètre de la particule nuclée et sa composition chimique.

Bien que plus efficientes en temps calcul (Vehkamaki et al. (2002)), elles ne sont pas sans inconvénients. Elles sont parfois très sensibles à certains de leurs paramètres (Raes et al. (1992)), comme les concentrations en précurseurs gazeux (H_2SO_4 et NH_3). En particulier, les formules polynomiales sont parfois assorties d'un seuil numérique de concentrations, d'où des discontinuités qui ne reflètent pas forcément un seuil physique.

Les données avec lesquelles elles sont produites sont souvent entachées d'une grande incertitude, à commencer par la mesure expérimentale elle-même du taux de nucléation. En effet, celle-ci ne peut être directe, les appareils de mesures comme les SMPS [2] ont en général un seuil de détection des particules supérieur au diamètre de nucléation. Ils ne comptent donc les nuclei qu'après leur grossissement jusqu'au diamètre de détection, de l'ordre de 4 nanomètres. Pour cette raison, la littérature expérimentale parle davantage d'un taux de formation de particules, le taux concrètement mesuré, par exemple le taux $J_{3\,nm}$ de nuclei de 3 nm de diamètre et le ramène à un taux de nucléation en s'aidant de la théorie cinétique (McMurry (1980)). Erupe et al. (2010) avancent une incertitude d'au moins 28% sur le taux de grossissement qui sert à calculer le taux de nucléation.

Finalement, les taux de nucléation obtenus par ces différentes paramétrisations s'étalent sur 18 ordres de grandeur (Zhang et al. (2010a)) dans les mêmes conditions d'air ambiant. Elles génèrent ainsi une forte incertitude sur les concentrations simulées de $PM_{2.5}$. Les comparaisons aux mesures montrent cependant que le taux de nucléation est presque toujours sous-estimé, ce qui laisse penser que le système binaire H_2SO_4-H_2O ne suffit pas à expliquer les épisodes de nucléation.

D'autres mécanismes de nucléation, plus favorables que la nucléation binaire, sont alors avancés.

---

2. Scanning Mobility Particle Sizer Spectrometer.

La nucléation ternaire homogène H_2SO_4-H_2O-NH_3

L'ammoniac est très présent dans l'atmosphère, notamment en milieu rural, du fait des rejets agricoles et d'élevages (Hamaoui (2012)). Les premières paramétrisations de ce mélange ternaire suivent une méthodologie similaire aux mélanges binaires (Kulmala et al. (2002); Napari et al. (2002)). Elles montrent que la présence d'ammoniac abaisse significativement le seuil critique d'acide sulfurique au-dessus duquel se produit la nucléation, d'où des épisodes de nucléation plus intenses et plus fréquents. Néanmoins, les paramétrisations de ce processus ont fait l'objet de plusieurs critiques (Merikanto et al. (2007); Yu (2006a)), notamment sur le fait de négliger la formation de NH_4HSO_4, qui vient concurrencer la formation de nouvelles particules. S'il semble clair que l'ammoniac participe au processus de nucléation, les formulations divergent encore quant à l'ampleur de son effet.

Les interactions ioniques

L'attraction coulombienne entre particules chargées est susceptible de renforcer le taux de nucléation (Yu (2006b)). Cet effet est surtout perceptible dans la haute atmosphère où les rayons cosmiques ionisent les molécules. Cette attraction produit des concentrations en particules significatives à l'échelle globale (Yu et al. (2008)). Dans la couche limite atmosphérique, son application au mélange binaire H_2SO_4-H_2O est sujette à controverse du fait des incertitudes patentes sur certains paramètres thermodynamiques et l'implication d'autres espèces chimiques (NH_3, COSV).

Activation par réactions hétérogènes

Un autre mécanisme avancé pour la formation de particules est l'intervention de réactions hétérogènes qui échappent aux barrières énergétiques de la théorie classique de la nucléation (Kulmala et al. (2006)). Ces réactions hétérogènes, i.e. entre des espèces chimiques à l'état gazeux et des agrégats, se font toujours dans un milieu fortement acide, si bien que le taux de nucléation obtenu varie souvent linéairement en fonction de la concentration en acide sulfurique gazeux (Kulmala et al. (2006)).

Les espèces chimiques mises en jeu sont surtout les composés organiques semi-volatils, capables de se polymériser et de se dissoudre en solution aqueuse (Couvidat et al. (2012b)). Aussi, la compréhension de ce phénomène reste-elle actuellement limitée par celle du devenir des COSV dans l'atmosphère (Couvidat (2012)).

Plusieurs mécanismes sont donc susceptibles de renforcer le mécanisme binaire H_2SO_4-H_2O classique de la nucléation. A noter que ces mécanismes ne sont pas exclusifs les uns des autres : l'action d'autres composés (NH_3, COSV), les interactions ioniques et les réactions hétérogènes peuvent dans une certaine mesure se combiner.

D'une manière générale, on peut retenir deux points. La littérature fait systématiquement état de larges incertitudes, autant sur les paramètres thermodynamiques utilisés dans les formules, que sur les mesures expérimentales et à l'air libre. Cela concerne en particulier les interactions ioniques et réactions hétérogènes, qui restent aujourd'hui des sujets de recherche très ouverts. En revanche, il ressort de la littérature que l'acide sulfurique joue un rôle de premier plan dans la nucléation, quelque soit le processus micro-physique impliqué et même lorsque les nuclei sont majoritairement composés d'espèces organiques. Ce rôle est aussi attesté par des observations corrélées, avec cependant un certain décalage en temps, d'épisodes de nucléation et de formation d'acide sulfurique. Le décalage en temps est attribué à la durée nécessaire aux nuclei pour croître jusqu'à la taille de détection des appareils de mesure, Erupe et al. (2010) estiment qu'il est assez variable, de la quasi immédiateté à au plus 2 heures.

Cette dernière constatation a amené plusieurs études à chercher une relation entre le taux de nucléation et la concentration en acide sulfurique gazeux, sous la forme d'une loi de puissance (Kulmala et al. (2006); Sihto et al. (2006); Riipinen et al. (2007); Kuang et al. (2008)) :

$$J_0 = K \left[H_2SO_4\right]^P \qquad (4.3)$$

où K et P sont des constantes, qui sont soit déterminées à partir de considérations théoriques (Kulmala et al. (2006); Sihto et al. (2006)), soit calibrées à partir données de mesures (Kuang et al. (2008)). L'exposant P varie entre 1 et 2 selon les études, il est davantage proche de 1 lorsque la nucléation est le fait d'un processus d'activation (polymérisation, oligmérisation, ...), et proche de 2 pour un processus de nature plus cinétique.

L'étude Kuang et al. (2008) présente plusieurs jeux de valeurs pour les paramètres K et P de la loi de puissance (4.3). Ils sont tirés d'une minimisation par moindres carrés sans contrainte pour une vingtaine d'épisodes de nucléation, recouvrant les cas les plus fréquents de nucléation en milieu maritime, continental et urbain.

Les performances des différentes paramétrisations précitées sont évaluées sur la base de données expérimentales (Zhang et al. (2010a)) et d'observations (Zhang et al. (2010b)) en air extérieur, après leur insertion dans un modèle eulérien de chimie-transport. Les données de mesures en chambre (Ball et al. (1999)) ou en champ proche (McMurry et al. (2005)) disposent d'une mesure quasi-directe du taux de nucléation, ou au moins du nombre de particules. Les données d'observations en air extérieur, quant à elles, sont le plus souvent limitées à la mesure des $PM_{2.5}$. Il s'en suit une plus grande difficulté d'interprétation, car les concentrations en $PM_{2.5}$ sont indirectement reliées au phénomène de nucléation, qui entre en compétition avec la condensation/évaporation, la coagulation et autres processus physiques des particules.

Il ressort de ces comparaisons que les paramétrisations Wexler et al. (1994), Kulmala et al. (1998) et Napari et al. (2002) sont à éviter, pour les deux premières parce qu'elles surestiment le taux de nucléation théorique et pour la dernière parce qu'elle excède la valeur limite théorique du taux de nucléation (Eq. 4.2). Les paramétrisations Kuang et al. (2008) et Harrington and Kreidenweis (1998) sont celles qui se comparent le mieux avec les données de mesures.

Dans les comparaisons, les valeurs de K et de P du taux (4.3) sont respectivement prises égales à 1.26×10^{-14} et 2.01 pour Kuang et al. (2008). Ce qui correspond à une nucléation de type cinétique et est donc cohérent avec la paramétrisation Harrington and Kreidenweis (1998) de mélange binaire H_2SO_4-H_2O. On remarque cependant que cette dernière est aussi une fonction de la température et du taux d'humidité, contrairement aux lois de puissance du type (4.3), qui ne dépendent que de la concentration en acide sulfurique. Pour celles-ci, la variabilité des épisodes de nucléation en fonction des paramètres météorologiques et du lieu se retrouve dans la grande dispersion du coefficient K (Erupe et al. (2010)).

Dans le cadre de cette thèse, nous choisissons d'utiliser la formulation en loi de puissance Kuang et al. (2008). Il y a plusieurs raisons à cela. Tout d'abord la simplicité de cette formulation ne risque pas d'alourdir le cout calcul, ce qui est un élément toujours important à considérer dans l'optique d'une utilisation ultérieure en 3D. Mais ce n'est pas un élément déterminant ici car les autre formulations Harrington and Kreidenweis (1998) ou Sihto et al. (2006) n'introduisent pas un surcout significatif par rapport à la formulation de Kuang et al. (2008). La paramétrisation en loi de puissance Kuang et al. (2008) dispose de plusieurs jeux de paramètres qui permettent de l'utiliser dans des environnements variés (urbain, marin, continental, forêt), en ce sens il est possible de l'adapter aux différents processus de nucléation qui prédominent dans un environnement donné et ceci avec de bonnes performances, alors que la paramétrisation en loi polynomiale Harrington and Kreidenweis (1998) ne correspond qu'à la nucléation binaire homogène. Autrement dit, nous estimons que la paramétrisation Kuang et al. (2008) est davantage susceptible de suivre les avancées dans la compréhension des processus de nucléation. Dans les comparaisons Zhang et al. (2010a,b), c'est aussi celle qui ne surestime jamais le taux de nucléation observé et sa limite théorique.

Ceci dit, comme évoqué dans les comparaisons Zhang et al. (2010a,b), l'indépendance du facteur K à la température et au taux d'humidité est un inconvénient de cette approche. Celui-ci est très dépendant des observations avec lesquels il a été contraint.

En définitive, nous tenons à souligner le caractère relatif de ce choix qui, dans un contexte de recherche toujours ouvert, peut être remis en cause dans un proche avenir. Pour cette raison, nous choisissons d'implémenter la paramétrisation choisie de manière modulaire, afin d'autoriser son ajustement ou remplacement.

Dans la partie suivante, nous replaçons le processus de nucléation dans l'équation générale de la dynamique des particules (GDE) et nous effectuons ensuite des simulations numériques en 0D de ce processus.

4.3 Simulations numériques de la nucléation

4.3.1 Nucléation et GDE

La nucléation est intégrée dans la GDE à travers un terme source en la plus petite masse m_0 de particules prise en compte par la modélisation, qui correspond au diamètre des particules nuclées, situé entre 1 et 3 nm. L'équation d'évolution de la distribution en nombre des particules s'écrit :

$$\begin{aligned}\frac{\partial n}{\partial t}(m,t) = {} & \theta(m \geq 2m_0) \frac{1}{2} \int_{m_0}^{m-m_0} K(u, m-u)\, n(u,t)\, n(m-u,t)\, du \\ & - n(m,t) \int_{m_0}^{\infty} K(u,m)\, n(u,t)\, du - \frac{\partial\, (I_0 n)}{\partial m} \\ & + \delta(m,m_0)\, J_0(t)\end{aligned} \qquad (4.4)$$

avec $J_o(t)$ le flux de nucléation tel qu'explicité dans la partie 4.2 et $\delta(m, m_0)$ est le symbole de Kronecker en m_0.

La nucléation modifie également la distribution en masse des particules dont l'évolution s'écrit :

$$\begin{aligned}\frac{\partial q}{\partial t}(m,t) = {} & \theta(m \geq 2m_0) \int_{m_0}^{m-m_0} K(u, m-u)\, q(u,t)\, n(m-u,t)\, du \\ & - q(m,t) \int_{m_0}^{\infty} K(u,m)\, n(u,t)\, du - \frac{\partial\, (I_0 q)}{\partial m} + (I_0 n)(m,t) \\ & + \delta(m,m_0) m_0 J_0(t)\end{aligned} \qquad (4.5)$$

où l'on suppose toujours les particules composées uniquement de sulfate.

Comme la nucléation traduit un certain transfert de masse entre phase gaz et particulaire, il est aussi nécessaire d'écrire une équation d'évolution pour la concentration c_s en sulfate gazeux. On écrit celle-ci à partir de la conservation en masse de sulfate :

$$c_s(t) + \int_{m_0}^{\infty} q(m,t)\, dm = \text{cste} \qquad (4.6)$$

après développement, on aboutit à :

$$\frac{dc_s}{dt} = -m_0 J_0(t) - \int_{m_0}^{\infty} (I_0 n)(m,t)\, dm \qquad (4.7)$$

où l'on voit que condensation et nucléation sont en compétition pour consommer le sulfate gazeux, la coagulation n'intervenant plus puisqu'elle conserve la masse en sulfate particulaire.

La nucléation ne modifie l'approche sectionnelle dévéloppée dans les chapitres précédents que pour la première section. En ne considérant que la nucléation, les concentrations en nombre et en masse de cette section obéissent aux équations suivantes [3]

$$\frac{dN_1}{dt} = J_0(t) \ , \quad \frac{dQ_1}{dt} = m_0 J_0(t) \ , \quad \frac{dc_s}{dt} = -m_0 J_0(t) \tag{4.8}$$

Dans la suite, nous présentons les résultats de simulation avec deux conditions initiales.

4.3.2 Résultats

De nombreux épisodes de nucléation sont observés dans la couche limite de l'atmosphère, en particulier au printemps et en journée (Erupe et al. (2010)). Ils ont en commun plusieurs caractéristiques (Heintzenberg et al. (2007)) :

1. une augmentation très rapide de la concentration en nombre des particules de diamètre inférieur à 20 nanomètres,
2. un grossissement de la taille de ces particules jusqu'au seuil de détection des appareils de mesure et au-delà,
3. une décroissance du nombre de particules dans les heures qui suivent l'épisode de nucléation, attribuée à la coagulation des particules, et aussi à la dilution des masses d'air.

Cette évolution rapide de la granulométrie, en l'espace de quelques heures, prend grossièrement la forme d'une « banane » [4] lorsqu'elle est tracée sous forme de série temporelle. C'est souvent à ce critère visuel, et donc plutôt subjectif, qu'une soudaine apparition de nanoparticules est identifiée à un épisode de nucléation. Heintzenberg et al. (2007) tentent de développer un algorithme plus objectif de reconnaissance des épisodes de nucléation en compilant plusieurs critères quantitatifs, tels que le nombre de particules et le diamètre moyen de chaque mode (nuclei et accumulation). Cet algorithme peut être qualifié d'objectif au sens où, pour un même jeu de données, les résultats qu'il donne ne dépendent pas de l'utilisateur. Néanmoins, cet algorithme doit apprendre sur plusieurs épisodes de nucléation, et préalablement identifiés comme tel, pour être efficient, ce qui n'élimine pas toute subjectivité.

---
3. Pour intégrer les équations (4.4) et (4,5), on pourra approcher le symbole de Kronecker par une fonction qui vaut $\frac{1}{\varepsilon}$ sur $[m_0, m_0 + \varepsilon[$ et zéro partout ailleurs.
4. Ce terme est un terme classique pour les graphes présentant des épisodes de nucléation

L'objet de cette partie est de simuler le vieillissement d'une population de nanoparticules fraîchement nucléées dans une atmosphère libre. On cherche d'une part à reproduire la forme typique de banane de l'évolution de la granulométrie des épisodes de nucléation, et d'autre part à étudier dans quelle mesure les processus de coagulation et condensation/évaporation contribuent à ce vieillissement et expliquent cette forme si particulière.

On se base sur deux cas d'études présentés dans le tableau 4.1. La paramétrisation du taux de nucléation est celle retenue en partie 4.2, c'est-à-dire une loi de puissance, dont on rappelle la forme :

$$J_0 = K \left[H_2SO_4\right]^P \tag{4.9}$$

où $[H_2SO_4]$ est la concentration d'acide sulfurique gazeux, exprimée en molécules par volume d'air (cm^3). Le facteur pré-exponentiel K et l'exposant P dépendent des épisodes de nucléation avec lequel le taux de nucléation 4.9 a été calibré.

Pour le premier cas (Erupe et al. (2010)), l'épisode de nucléation a lieu le 3 mai 2009 sur la ville de Kent dans l'Ohio (États-Unis). Le taux de nucléation est d'abord déterminé à partir de la modélisation inverse de la dynamique des particules, contrainte par les mesures de granulométrie. La modélisation inverse comprend non seulement la coagulation et la condensation/évaporation, comme le modèle développé dans cette thèse, mais aussi les phénomènes de dépôt et de dilution (Verheggen and Mozurkewich (2006)). La ville de Kent se situe dans un environnement rural, potentiellement influencé par la pollution de régions urbaines qui l'entourent. On simule cette pollution ambiante par une bande initiale continue de particules entre 0.02 et 0.2 μm de concentration $4 \times 10^3 \#.m^{-3}$.

Pour le deuxième cas (Kuang et al. (2008)), les épisodes de nucléation ont lieu les mois de juillet et août 2002 sur la ville d'Atlanta en Georgie (États-Unis). Le taux de formation de particules à 3 nm est approché à partir de mesures directes du nombre de particules de ce diamètre et de leur taux de grossissement. Le taux de formation est ensuite corrigé du grossissement des particules entre 1 et 3 nm pour donner le taux de nucléation, au moyen de la formule de McMurry et al. (2005).

Dans les deux cas, une fois le taux de nucléation indirectement mesuré, les paramètres K et P sont déterminés par une méthode des moindres carrés sans contrainte à l'aide des mesures des taux d'acide sulfurique. On rassemble les valeurs de K et P pour chaque cas dans le tableau 4.1. La pollution atmosphérique de la ville d'Atlanta est simulée par une distribution initiale typique de milieu urbain.

Tableau 4.1 – Cas d'études de la nucléation.

ville	jour/mois/année	$\log K$	P	référence
Kent	03/05/2009	-11.6	1.9	Erupe et al. (2010)
Atlanta	/07-08/2002	-13.9	2.01	Kuang et al. (2008)

Cas de la ville de Kent

On se place en milieu fermé, la concentration gazeuse en sulfate est calculée par conservation de la masse.

Au bout de 10 minutes de simulation, on injecte instantanément une concentration d'acide sulfurique de $2.2 \times 10^6 \#.cm^{-3}$ qui correspond à la valeur moyenne des concentrations mesurées lors de cet épisode. On laisse cette concentration s'épuiser par nucléation ou condensation.

La figure 4.1 présente l'évolution de la granulométrie sous l'effet des processus de coagulation et nucléation. Le diamètre des particules est en ordonnée, les plus petites particules sont représentées en bas du graphe. En abscisse, le nombre d'heures de simulation permet de voir l'évolution des concentrations en nombre, dont les valeurs sont données par différentes couleurs.

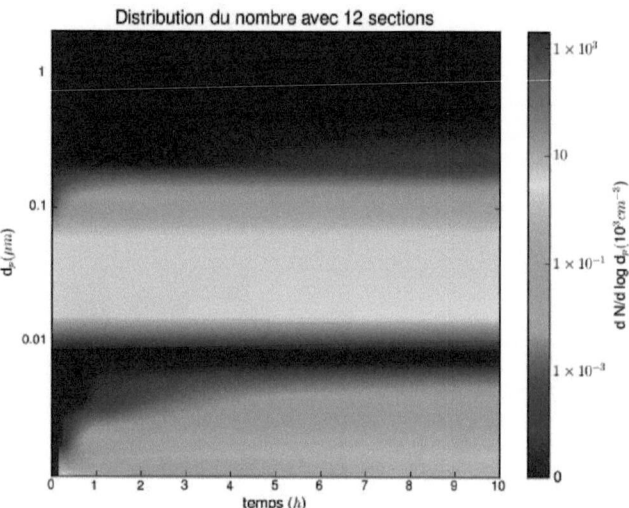

FIGURE 4.1 – Coagulation avec conditions initiales

Parallèlement, la concentration en acide sulfurique présentée dans la figure 4.2 décroît de manière monotone, ce qui est cohérent avec son équation d'évolution (4.7), du fait de la nucléation. La décroissance du taux d'acide sulfurique est plutôt lente (plusieurs heures) par rapport à la condensation/évaporation.

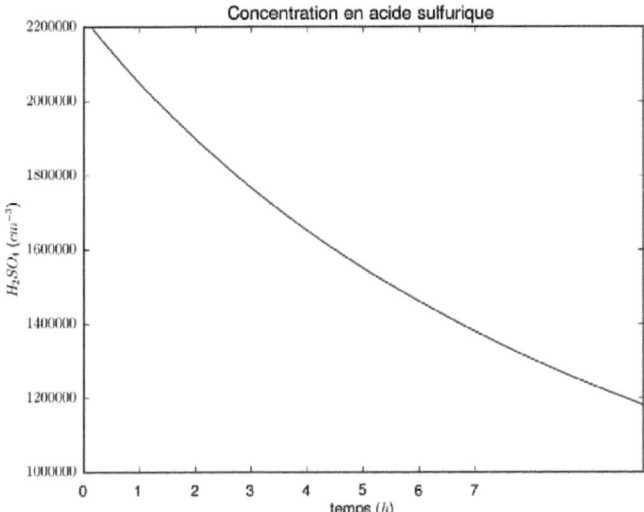

FIGURE 4.2 – Évolution de la concentration du gaz au cours du temps

Il faut noter que nous nous sommes placé dans un milieu fermé afin de pouvoir observer clairement la consommation du gaz par les divers processus microphysiques étudiés. Le taux de nucléation observé en atmosphère libre pourrait donc être plus important du fait des sources multiples de gaz précurseurs de la nucléation. À des fins de comparaisons, on présente dans la figure 4.3 la même simulation en atmosphère propre, c'est-à-dire sans particules préexistantes.

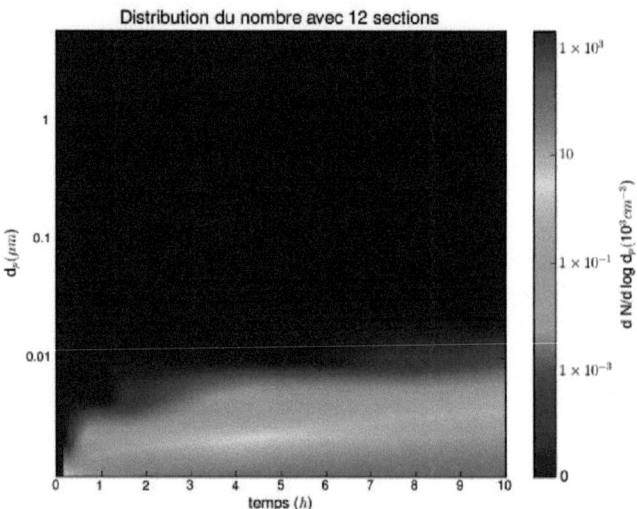

FIGURE 4.3 – Coagulation en atmosphère propre

On observe sur la figure 4.1 la coagulation des particules nucléées entre elles. Cette coagulation est moins rapide que celle avec les particules fines préexistantes de la simulation 4.1, ce qui explique la disparition très rapide des particules nucléées dans le premier cas.

Contrairement à ce qui est observé en atmosphère libre, l'épisode de nucléation commence immédiatement après introduction de l'acide sulfurique, du fait de la formulation du taux de nucléation (Eq. 4.3). On ne simule pas le décalage en temps souvent observé entre le pic d'acide sulfurique et les premières mesures de nanoparticules. En effet les particules fraîchement nucléés sont trop petites pour être détectées par les appareils de mesure et ne sont mesurables qu'une fois que la condensation ou la coagulation les ont fait suffisamment grossir. Notre modèle commençant à un nanomètre, on observe immédiatement les particules issues de la nucléation.

Après 10 heures de simulation, la distribution des particules ne change presque plus. Les figures 4.4a et 4.5a présentent la même simulation que celle de la figure 4.1 avec respectivement les forces de Van der Waals et les forces de Van der Waals couplées aux forces de viscosité.

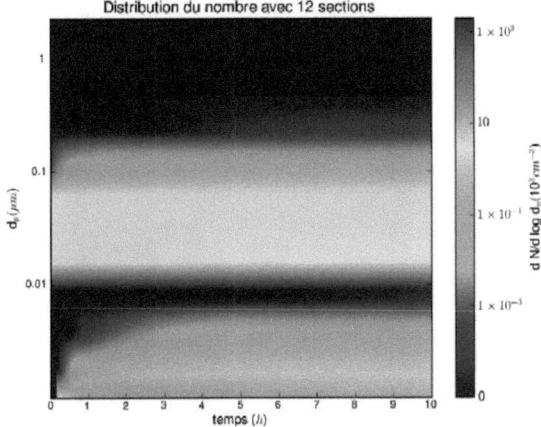

(a) Coagulation avec forces de van der Waals

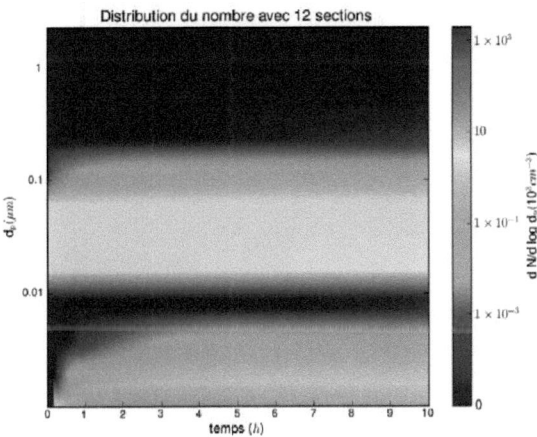

(a) Coagulation avec forces de van der Waals et de viscosité

FIGURE 4.5 – Simulation numérique de la coagulation et de la nucléation

Les forces de Van der Waals (figure 4.4a) ont tendance à augmenter la coagulation et leur effet est annulé par les forces de viscosité (figure 4.5a).

Lorsque la condensation de sulfate est prise en compte par la simulation, on obtient les résultats présentés dans les figures 4.6a et 4.6b, cette dernière tenant compte des forces de van der Waals et de viscosité.

Pour les simulations avec la condensation, la concentration initiale en acide sulfurique a été augmentée à $1 \times 10^8 cm^{-6}$ pour éviter que le sulfate soit trop rapidement consommé par la condensation et permettre d'observer la nucléation.

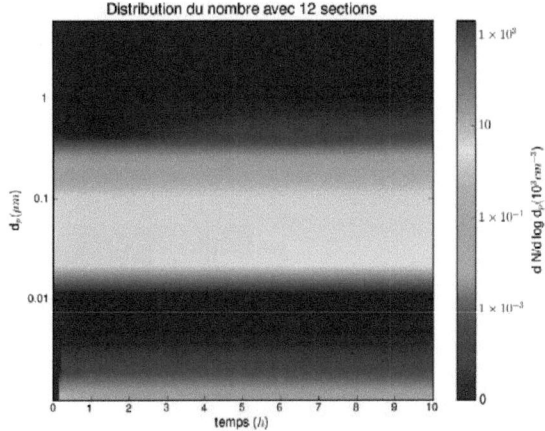

(a) Condensation et Coagulation

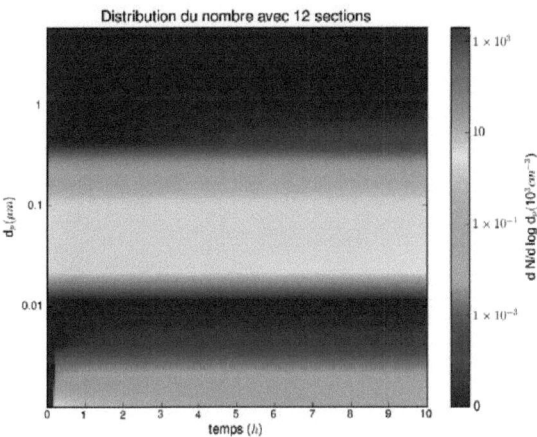

(b) Condensation et Coagulation avec forces de van der Waals et de viscosité

FIGURE 4.6 – Simulation numérique de la coagulation, de la nucléation et de la condensation/évaporation

La condensation entre en compétition avec la nucléation et réduit son effet sur la concentration en nombre (Jacobson (2002)). À la différence des simulations avec coagulation seule, la condensation fait grossir les particules nucléées très rapidement qui coagulent ensuite avec les particules du mode fin.

Entre les figures 4.6a et 4.6b, on observe que la concentration en nombre de particules nucléées reste plus importante au cours du temps lorsque les forces de van der Waals et de viscosité sont prises en compte. Ceci peut s'expliquer par le fait que la viscosité réduit la coagulation entre les particules nucléées et les particules du mode fin, tandis que les forces de van der Waals accélèrent la coagulation des nanoparticules entre elles.

Cas de la ville d'Atlanta

Avec les conditions initiales du cas *urbain* précédemment décrit (A.3), et en prenant les mêmes paramètres de la ville d'Atlanta de Kuang et al. (2008), on présente l'évolution de la granulométrie, en suivant le même déroulement que pour le cas de la ville de Kent. Les figures 4.7a, 4.7b et 4.8a représentent respectivement cette évolution pour la coagulation seule, la coagulation avec forces de van der Waals et la coagulation avec forces de van der Waals et de viscosité. La concentration de sulfate initiale est fixée à $2 \times 10^6 cm^{-3}$ (Kuang et al. (2008)).

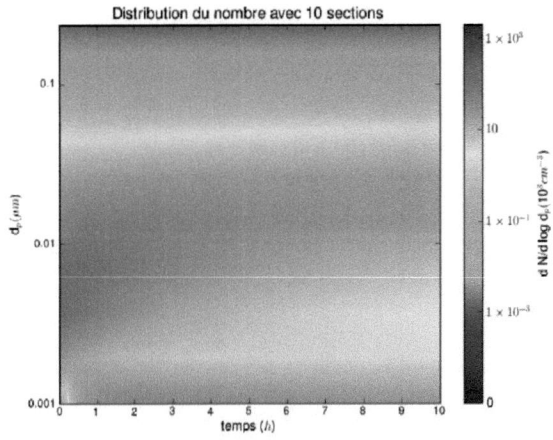

(a) Coagulation

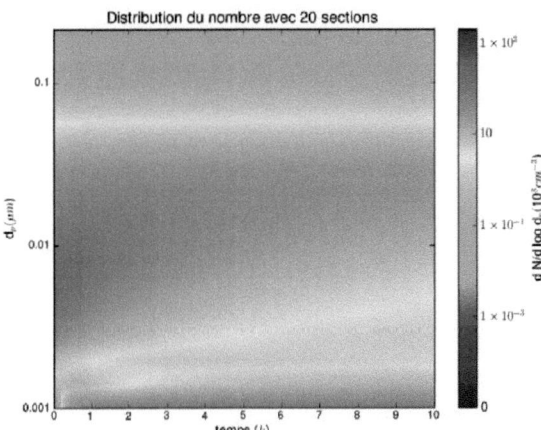

(b) Coagulation avec forces de van der Waals

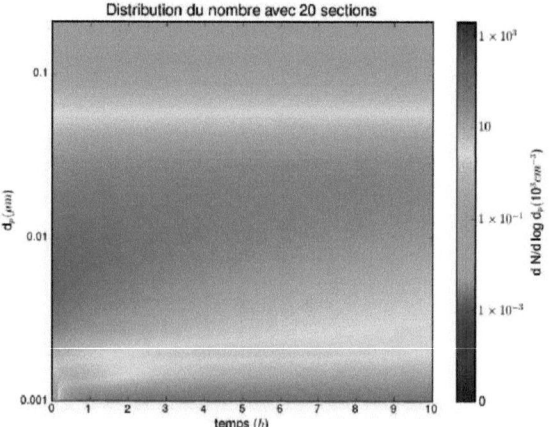

(a) Coagulation avec forces de van der Waals et de viscosité

L'effet de la coagulation est similaire au cas de la ville de Kent. L'effet des forces de van der Waals et de viscosité est cependant plus visible dans ce cas de figure ce qui s'explique par une présence plus importante de particules très fines. La concentration en nombre est réduite par les forces de van der Waals et cet effet est largement compensé par les forces de viscosité. La nucléation est continue car la consommation du gaz est plus lente lorsque la condensation n'est pas prise en considération.

Les figures 4.9a, 4.9b et 4.10a présentent respectivement les effets de la condensation et de la coagulation, de la condensation et de la coagulation avec forces de van der Waals et de la condensation avec coagulation prenant en compte les forces de van der Waals et de viscosité sur la population de particules.

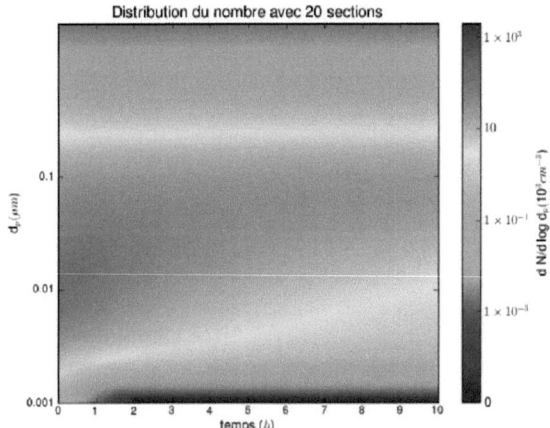

(a) Condensation et coagulation

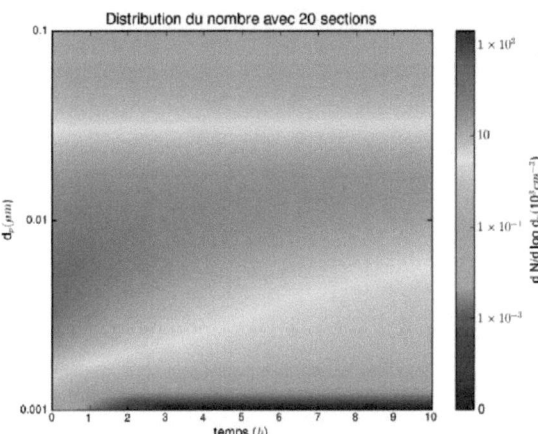

(b) Condensation et coagulation avec forces de van der Waals

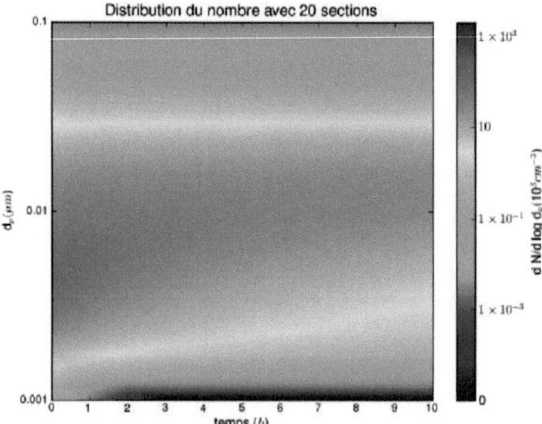

(a) Condensation et coagulation avec forces de van der Waals et de viscosité

Dans ce cas de figure, tout le gaz est rapidement consommé par la condensation, l'épisode de nucléation disparaît donc presque totalement, et donc, très vite, le grossissement des petites particules n'est plus du qu'à la coagulation. L'absence de particules très fines rend moins visible l'effet des forces de van der Waals et de viscosité.

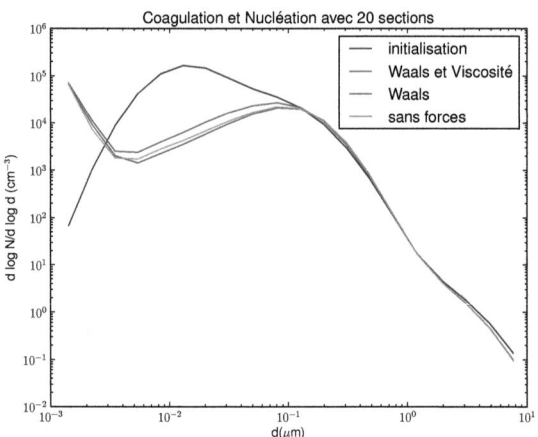

(a) Évolution de la distribution en nombre par coagulation.

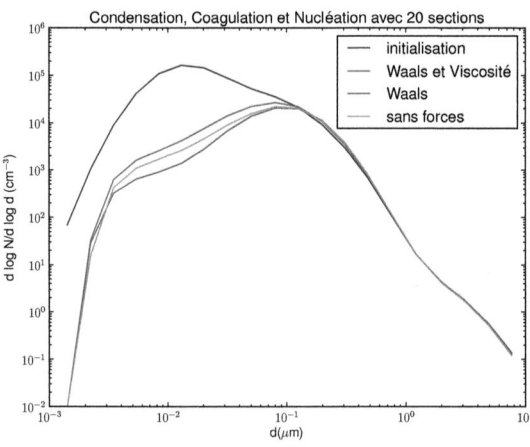

(b) Évolution de la distribution nombre et par coagulation et condensation.

Dans une atmosphère plus polluée comme celle-ci, l'épisode de pollution est plus difficile à reconnaître. Les figures 4.11a et 4.11b illustrent la distribution finale obtenue pour, respectivement, la coagulation seule et la coagulation avec condensation. Les distributions finales restent très proches selon la prise en compte ou non des forces de van der Waals et de viscosité, alors que celles-ci produisent malgré tout des différences sensibles dans l'évolution de la granulométrie. L'effet de la condensation apparaît clairement puisque ce processus supprime quasiment totalement la nucléation et élimine les particules de diamètre inférieur à $3\ nm$.

4.3.3 Conclusion sur les résultats de nucléation

Au cours de cette partie, nous avons explicité le choix de la paramétrisation de la nucléation en air extérieur et nous avons présenté plusieurs simulations numériques du vieillissement d'un épisode de nucléation. L'évolution constatée sous l'effet de la coagulation et de la condensation ne nous a pas permis de reproduire la forme caractéristique de « banane » des épisodes de nucléation, observée dans l'atmosphère. Dans la ville de Kent, ceci peut venir du fait que la concentration en acide sulfurique initiale (de l'ordre de $10^6 \#.cm^{-3}$) n'est pas suffisante pour provoquer un épisode de nucléation conséquent, ce qui est corroboré par Roedel (1979) selon qui une concentration de l'ordre de $10^9 \#.cm^{-3}$ est nécessaire. Cependant, la forme de banane apparaît lorsque la condensation est négligée. On observe que l'effet des forces de van der Waals est compensé par les forces de viscosité lorsque l'on est en présence de particules à la fois fines et grossières et que la compétition entre processus pour la consommation de l'acide sulfurique implique une diminution de la nucléation lorsque la condensation est considérée.

Les différences observées entre les résultats de Erupe et al. (2010) et nos simulations proviennent du fait que nous utilisons ici une injection instantanée de H_2SO_4. Une production continue de H_2SO_4 sur une plus longue période (une heure par exemple) permettrait de soutenir un taux de nucléation qui mènerait à cette croissance de nanoparticules avec le temps.

La nucléation a donc été intégrée dans le modèle et a permis de simuler de manière plus complète la dynamique des particules dans l'atmosphère. On peut noter qu'en adaptant notre modèle, celui-ci pourrait également être utilisé pour retrouver les paramétrisations du taux de nucléation, en contraignant les paramètres, comme le fait le modèle PARGAN de l'article de Erupe et al. (2010), si les données granulométriques étaient fournies.

4.4 Résolution découplée de la GDE

Dans la partie précédente, nous nous sommes attachés à reproduire le comportement physique en 0D d'une distribution de nanoparticules produites par nucléation dans une atmosphère libre, et en présence de particules plus grossières. Les processus physiques des particules ont été résolus de manière couplés, c'est-à-dire que les équations d'évolution des concentrations en nombre et en masse des particules sont mises sous la forme générale suivante :

$$\frac{d\mathbf{c}}{dt} = f^{\text{gde}}(\mathbf{c}, t) \quad (4.10)$$

où $\mathbf{c}$ est un vecteur comprenant les concentrations en masse et en nombre des différentes sections, et f^{gde} est l'opérateur général de la dynamique des particules, défini comme la somme des opérateurs de chaque processus :

$$f^{\text{gde}}(\mathbf{c}, t) \triangleq f^{\text{coag}}(\mathbf{c}, t) + f^{\text{c/e}}(\mathbf{c}, t) + f^{\text{nucl}}(\mathbf{c}, t) \quad (4.11)$$

Ces processus agissent sur les concentrations en nombre et en masse des différentes classes de tailles avec des échelles de temps variées. La dispersion des ces ordres de temps caractérise la raideur numérique de l'équation différentielle (4.10), c'est-à-dire que le pas de temps d'intégration est contraint par le plus petit des temps caractéristiques dans le cas d'une résolution couplée.

Si cette contrainte ne pose pas de problèmes dans le cas d'une étude 0D, pour laquelle le cout calcul n'est pas un critère décisif, il n'en est pas de même pour des applications opérationnelles en 3D, comme l'insertion du modèle développé dans un code de chimie-transport ou de CFD. Il devient alors préférable d'analyser le degré de dispersion des échelles de temps, et d'intégrer séparément les concentrations qui évoluent à des échelles de temps distinctes (Sportisse (2000)).

La question du découplage (ou « splitting ») des concentrations entre elles est une question complexe qui requiert le plus souvent une analyse spectrale du système (4.10), c'est-à-dire la mise en évidence de ses vecteurs et valeurs propres. Nous ne prétendons pas effectuer une telle étude dans cette partie, mais simplement, nous souhaitons souligner l'importance de cette question pour des applications ultérieures en 3D, et introduire quelques pistes de développements en nous fondant sur les temps caractéristiques des différentes concentrations, à partir des cas d'études envisagés dans les parties précédentes.

D'une manière générale, on définit pour la concentration $c_i(t)$ un temps caractéristique d'évolution $\tau_i(t)$ par

$$\tau_i(t) \triangleq \frac{c_i}{f_i^{\text{gde}}(\mathbf{c}, t)} \quad (4.12)$$

et de manière similaire pour chaque processus :

$$\tau_i^{\text{coag}}(t) \triangleq \frac{c_i}{f_i^{\text{coag}}(\mathbf{c},t)} \, , \, \tau_i^{\text{c/e}}(t) \triangleq \frac{c_i}{f_i^{\text{c/e}}(\mathbf{c},t)} \, , \, \tau_i^{\text{nucl}}(t) \triangleq \frac{c_i}{f_i^{\text{nucl}}(\mathbf{c},t)} \, , \quad (4.13)$$

De cette manière, on remarque déjà que le temps caractéristique $\tau_i(t)$ est contraint par le rapide des processus :

$$\tau_i(t) < \min(\tau_i^{\text{coag}}(t), \tau_i^{\text{c/e}}(t), \tau_i^{\text{nucl}}(t)) \quad (4.14)$$

Les figures 4.12 et 4.13 représentent les temps caractéristiques des processus de coagulation, condensation/évaporation et nucléation, suivant les classes de taille, pour les concentrations en nombre et en masse, et respectivement pour des populations de particules de type *urbain* et en sortie de pot d'échappement (*diesel*). Les temps caractéristiques sont calculés à l'instant initial.

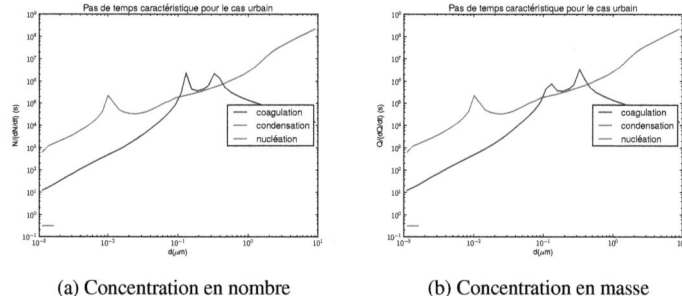

(a) Concentration en nombre   (b) Concentration en masse

FIGURE 4.12 – Temps caractéristiques suivant les sections pour la distribution de type *urbain*.

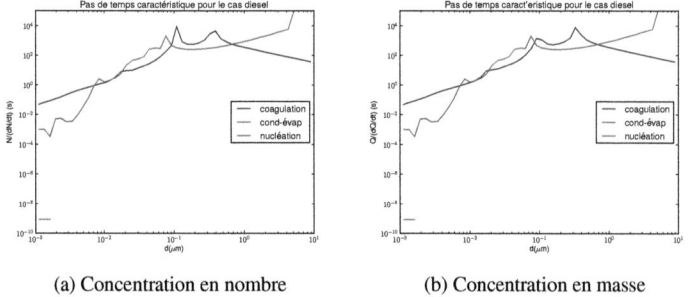

(a) Concentration en nombre   (b) Concentration en masse

FIGURE 4.13 – Temps caractéristiques suivant les sections pour la distribution de type *diesel*.

Qu'il s'agisse des concentrations en nombre ou en masse, on note que les temps caractéristiques se répartissent sur plusieurs ordres de grandeur, jusqu'à 8, pour les deux types de distribution. Le principal responsable de cette disparité est la largeur du spectre de taille des particules considéré dans cette thèse, depuis le diamètre de nucléation (1 nm) aux plus grosses particules (10 μm). À une taille donnée, les processus de coagulation et condensation/évaporation ont des temps caractéristiques qui peuvent être du même ordre pour le milieu du spectre de taille, environ entre 0.01 et 1 μm, mais qui diffèrent de 2 à 3 ordres de grandeur pour les particules ultrafines et les grosses particules.

Dans les remarques précédentes, nous n'avons pas tenu compte du temps caractéristique de la nucléation, parce qu'il s'agit d'un terme source qui ne contribue pas à proprement parler à la raideur du système. Il faudrait pour la nucléation regarder le temps caractéristique de la concentration en sulfate gazeux (cf. Eq. 4.7), dont le taux de nucléation dépend directement (cf. Eq. 4.3).

Il faut également noter pour la condensation/évaporation que l'opérateur $f_{c/e}$ est une fonction linéaire de la concentration gazeuse en l'espèce semi-volatile, du sulfate pour le cas *urbain* et du nonadécane pour le cas *diesel*. Aussi, le temps caractéristique est-il inversement proportionnel à la concentration gazeuse, de sorte que si celle-ci est multiplié par 100, le temps caractéristique peut-être divisé par 100 pour toutes les classes de taille. C'est en particulier vrai pour le sulfate qui ne peut pas s'évaporer. Pour le nonadécane, l'effet est moins prévisible, il peut conduire à l'équilibre si la pression partielle égale sa pression de vapeur saturante, et dans ce cas, le temps caractéristique tend vers l'infini.

A la vue des précédentes figures, plusieurs pistes de découplage se présentent.
- le découplage des classes de taille :

Puisque c'est en fonction de la taille des particules que les temps caractéristiques varient le plus, et cela indépendamment pour chaque processus (excepté la nucléation), il semble logique d'envisager de découpler par exemple les particules ultrafines des particules fines et grossières. Cette stratégie a déjà été employée (Capaldo et al. (2000); Debry and Sportisse (2005)), mais pour un spectre de taille qui n'inclue pas les nanoparticules.

- le découplage des processus :

Les processus de coagulation et condensation/évaporation agissent avec des échelles de temps sensiblement différentes pour les nanoparticules. En outre, découpler ces deux processus présente l'avantage de pouvoir utiliser la méthode numérique la plus appropriée à chacun d'eux. En effet, la condensation/évaporation se prête davantage à une approche semi-lagrangienne que l'on ne peut envisager pour la coagulation.

De ces remarques, on retient surtout qu'une étude plus approfondie serait nécessaire, et devrait également inclure les concentrations en masse des composés gazeux, pour envisager la meilleure stratégie numérique à des fins d'applications 3D. Cette étude ultérieure devra mesurer le bénéfice de ces découplages au regard de l'erreur introduite.

Enfin, bien qu'une étude de découplage n'ait pas été effectuée à proprement parler, plusieurs stratégies de découplage ont été implémentées afin de servir à des études ultérieures et à une insertion dans un code CFD ou de chimie-transport.

Chapitre 5

Conclusion et perspectives

Dans ce dernier chapitre, nous faisons une synthèse des différents résultats et nous proposons plusieurs perspectives de recherche et d'application du modèle développé.

Les nanoparticules font désormais partie des préoccupations de santé publique et d'environnement, alors que seules les particules fines et grossières soulevaient un intérêt scientifique jusqu'à récemment. Ces préoccupations sont les principales motivations de cette thèse au cours de laquelle nous avons cherché à modéliser la dynamique d'une distribution de particules, de l'échelle nanométrique à l'échelle micronique, en air extérieur et intérieur. Le travail s'est focalisé sur le milieu atmosphérique dans des conditions de dilution suffisantes pour que les particules ne modifient pas l'écoulement du l'air.

La modélisation des nanoparticules nous a amené à poser deux problématiques principales. La première est que celles-ci sont présentes en nombre important et contribuent très peu à la masse, à l'inverse des particules fines et grossières. Or, pour ce qui est de la pollution atmosphérique, une grande partie des modèles de chimie-transport ne s'intéresse qu'à la masse des aérosols, c'est pourquoi ils ne sont pas adaptés au suivi des nanoparticules et donc du nombre total de particules. Le premier objectif a donc été de modéliser avec autant de précision que possible l'évolution des concentrations en nombre et en masse des particules.

La seconde problématique provient de la différence entre le comportement micro-physique des particules dont le diamètre est en dessous de $100\ nm$ et les autres. Des phénomènes additionnels sont à prendre en compte dans la modélisation et les méthodes numériques de résolution doivent être repensées.

L'étude des principaux processus micro-physiques que sont la nucléation, la condensation/évaporation et la coagulation a permis d'apporter certaines réponses. Cependant, les nanoparticules recouvrent de nombreux sujets très spécifiques (nanotubes, ...), que nous n'avons pas traité dans cette thèse et certaines perspectives de recherche sont présentées en fin de chapitre.

Le modèle construit pour l'étude de la dynamique des nanoparticules est un modèle 0D, développé dans une optique d'adaptation en 3D. Le spectre de taille des particules est discrétisé en sections, chacune caractérisée par un diamètre moyen.

Le premier processus étudié est la condensation/évaporation. Le phénomène additionnel à prendre en compte pour la modélisation de la condensation/évaporation est l'effet Kelvin, lié à la tension de surface, qui augmente fortement la pression de vapeur saturante du composé semi-volatil, pour les particules ultrafines. Cet effet peut entraîner une évaporation très rapide des petites sections, ce qui ajoute de la raideur numérique. Dans le cadre d'une approche semi-lagrangienne, les diamètres moyens des sections doivent rester fixes durant la simulation, alors que les particules grossissent par condensation ou diminuent par évaporation. Un schéma numérique de répartition des particules sur les sections fixes doit donc être mis en place. Nous avons développé le schéma HEMEN qui effectue une répartition des concentrations en nombre pour les particules en dessous de $100\ nm$ et une répartition en masse au dessus. Ce schéma améliore la modélisation de la condensation/évaporation au sens où il est aussi précis pour la masse des particules fines et grossières que pour le nombre des particules ultrafines. Le schéma HEMEN donne de meilleurs résultats que ceux obtenus avec les algorithmes classiques uniquement basé sur la masse et les modèles modaux. En particulier, il donne de bons résultats même avec un nombre de sections restreint, ce qui en fait un bon candidat pour être incorporé dans des modèles 3D. Au cours de cette étude, nous avons travaillé avec une discrétisation en taille régulière, une amélioration possible serait la mise en place d'une grille irrégulière, avec notamment des sections plus fines pour les concentrations importantes.

Dans le chapitre sur la coagulation, nous avons tout d'abord effectué une discrétisation rigoureuse des équations afin de répondre à une question d'ordre numérique. L'approche sectionnelle de la coagulation amène à deux formulations classiques suivant l'intégration ou non du noyau de coagulation sur les sections. L'étude théorique menée montre que la formulation avec intégration du noyau produit une erreur proportionnelle à l'ordre 1 à la variation de la concentration en nombre à l'intérieur des sections. L'autre formulation conduit à une erreur proportionnelle à l'ordre 1 à la variation du noyau de coagulation à l'intérieur des sections. Comme la variation de la concentration en nombre est plus importante que la variation du noyau à l'intérieur des sections, surtout pour un petit nombre de boîtes, la seconde approche paraît préférable, ce qui a été confirmé par des simulations numériques sur deux cas d'étude réalistes. Dans le cas de la première formulation, la précision gagnée pour le calcul du noyau ne compense par l'erreur sur le suivi de la concentration numérique induite.

Les deux principales forces qui modifient sensiblement la coagulation des nanoparticules par rapport aux particules plus grosses sont les forces de van der Waals et les forces de viscosité. Ces forces sont souvent citées comme explication de l'évolution de la granulométrie, en chambre expérimentale comme en air ambiant, lorsque la coagulation brownienne seule n'est pas suffisante. Aussi, il nous est apparu essentiel de les intégrer dans le modèle, et d'effectuer plusieurs simulations numériques pour évaluer leur effet sur l'évolution de distributions de particules typiques d'un milieu urbain. Nous retrouvons des résultats classiques selon lesquels les forces de van der Waals augmentent considérablement le noyau de coagulation des particules ultrafines entre elles. Cette augmentation peut aller jusqu'à multiplier par 5 le noyau pour une constante de Hamaker parmi les plus élevées. En revanche, pour les grosses particules, l'augmentation du noyau de coagulation est modérée et parfois entièrement compensée par les forces de viscosité. Les simulations numériques effectuées ont montré que la conjonction de ces deux forces a un effet relatif sur la distribution granulométrique finale des particules. Ceci s'explique par le fait que la coagulation se produit préférentiellement entre nanoparticules et grosses particules, pour laquelle les forces de viscosité compense l'effet des forces de van der Waals. Il est cependant possible que leurs effets soient plus importants sous d'autres conditions comme par exemple un milieu plus concentré en nanoparticules et exempt de particules grossières. L'intégration de ces forces induit un cout de calcul supplémentaire que l'on peut réduire en effectuant une tabulation des facteurs correctifs suivant la constante d'Hamaker et le diamètre des particules.

Le dernier chapitre a été consacré à l'étude et à l'intégration du processus de nucléation, sous la forme d'un terme source dans la première section. La paramétrisation de ce taux de nucléation a été choisie à partir d'études comparatives des différents taux existants. Un modèle complet a été développé par couplage des trois processus, avec lequel des simulations numériques d'épisodes de nucléation ont pu être reproduits dans une certaine mesure.

Les différentes simulations effectuées ont permis d'observer l'effet de la coagulation et de la condensation sur l'apparition de nanoparticules en présence ou non de particules plus grossières. Lorsque la condensation est prise en compte, elle entre en compétition avec la nucléation pour la consommation du sulfate et réduit significativement la nucléation car le sulfate gazeux se condense très rapidement sur les particules fines et grossières préexistantes, c'est le « condensation sink » souvent observé dans l'air ambiant. Les forces de van der Waals et de viscosité ont un impact visible mais secondaire dans les cas étudiés avec présence de particules grossières, ce qui est cohérent avec l'étude précédente sur la coagulation.

Les simulations numériques ont reproduit un niveau de concentration en particules nucléées similaire à celui des épisodes observés, mais la forme classique de bananes de nucléation n'a pu être clairement reproduite dans nos conditions de simulation bien que nous ayons utilisé les mêmes paramétrisations du taux de nucléation et concentrations initiales en sulfate gazeux. Il y a plusieurs explications à cela. Selon certaines études, la concentration en sulfate gazeux utilisée n'est pas suffisante pour obtenir un taux de nucléation significatif. Des sources multiples seraient donc à l'origine de la formation des bananes. Par ailleurs, il s'agît d'une étude 0D dans laquelle nous n'avons pas pris en compte le transport et la dilution des masses d'air ainsi que les phénomènes de dépôts. Une étude plus complète des épisodes de nucléation nécessiterait d'insérer le modèle développé dans un code de chimie-transport.

À cette fin, nous avons envisagé la résolution découplée de l'équation générale de la dynamique des particules. En effet, l'insertion dans un code de chimie-transport ou de CFD apporte des contraintes de temps de calcul qui imposent de trouver un compromis entre le nombre de sections, le pas de temps d'intégration, et le temps CPU. En résolution couplée, le pas de temps d'intégration est contraint par le processus ayant le plus petit temps caractéristique d'évolution. En vue d'effectuer un découplage, nous avons évalué les temps caractéristiques des différents processus selon les classes de taille et pour deux types de distributions initiales. Sur la base de cette étude, un premier développement a été mis en place par découplage des processus. Cette étude devra être confirmée par une analyse plus approfondie, notamment une amélioration possible serait de découpler aussi les classes de taille.

À l'issue de cette thèse, nous disposons d'un modèle de dynamique des particules allant de $1\ nm$ à $10\ \mu m$. Par rapport aux modèles existants, ce modèle permet de suivre la concentration en nombre avec autant de précision que la concentration en masse. Un aspect important des futures études est l'évaluation du modèle avec des données expérimentales. Des mesures de granulométrie de particules effectuées en air intérieur permettent d'évaluer le modèle pour des applications en ce milieu. Des mesures en sortie de pot d'échappement, telles que celles en cours à l'Ifsttar dans le cadre du projet PM-DRIVE du programme CORTEA pourront être utilisées pour mieux comprendre la formation de particules ultrafines à l'échappement. Finalement, des mesures effectuées à proximité des routes ou en situation de fond, telles celles effectuées dans les projets MOCOPO du programme PREDIT et MEGAPOLI de l'ANR, seront utiles pour évaluer le modèle, pour des simulations de l'air ambiant.

La comparaison à des données de mesure exige d'insérer le modèle développé dans un code de chimie-transport pour l'atmosphère et de CFD pour l'air intérieur. Dans tous les cas, il est nécessaire d'intégrer les phénomènes de dépôts : en air intérieur les dépôts sur les parois ne sont pas négligeables (Nerisson (2009)), en air extérieur on peut se demander si les paramétrisations existantes du dépôt sec et humide restent pertinentes pour les nanoparticules. Les modèle 3D hôtes doivent aussi suivre explicitement le nombre de particules. Cette étape de développement effectuée, plusieurs applications du modèle pour le suivi de l'évolution des particules sont envisageables. Une première est l'évaluation des facteurs d'émission des véhicules et de la combustion en air intérieur (foyer ouvert, cuisson), afin d'estimer l'exposition de la population aux nanoparticules, présentes en grand nombre. Cette application requiert néanmoins de prendre en compte la forme des particules, du fait que les particules de suies issues de la combustion ne se présentent pas sous une forme sphérique, mais présentent au contraire un aspect fractal prononcé. D'autres applications concernent la fabrication des nanomatériaux qui sont de plus en plus utilisés dans l'industrie. Ici encore, la forme très particulière de certains nanomatériaux (nanotubes) nécessitera de développer des paramétrisations spécifiques. En particulier, ce modèle peut être utilisé pour suivre l'évolution des nanoparticules dans les voies respiratoires.

Glossaire

$K(u,v)$ le noyau de coagulation entre les particules de masse u et v.

$N_k(t)$ la concentration en nombre de particule de la section k.

$Q_k(t)$ la concentration en masse de particule de la section k.

V_m le volume molaire.

δ_k la distance moyenne entre le centre d'une sphère et le point atteint par des particules quittant la surface cette sphère et voyageant à une distance égale au libre parcours moyen λ_k vers le centre.

λ_i le libre parcours moyen de la particule.

λ_{air} le libre parcours moyen d'une molécule d'air (gazeuse).

ρ la masse volumique.

σ la tension de surface.

b le nombre total de sections.

d_{p_k} le diamètre de la particule de la section k.

k_n le nombre de Knudsen de la particule.

m la masse d'une particule.

$n(m,t)\,dm$ la concentration en nombre des particules de masse m à l'instant t.

$q(m,t)\,dm$ la concentration en masse des particules de masse m à l'instant t.

v_{qm} la vitesse quadratique moyenne de la particule.

Annexe A

A.1 Volume distribution of the modal representation

The volume distribution $v(d_p, t)$, based on particle diameter d_p, is represented as follows :

$$\begin{aligned} v(d_p, t) &= \frac{V_n(t)}{(2\pi)^{1/2} \log \sigma_n(t)} \times \exp\left[-\frac{1}{2}\left(\frac{\log[d_p/d_{V_n}(t)]}{\log \sigma_n(t)}\right)^2\right] \\ &+ \frac{V_a(t)}{(2\pi)^{1/2} \log \sigma_a(t)} \times \exp\left[-\frac{1}{2}\left(\frac{\log[d_p/d_{V_a}(t)]}{\log \sigma_a(t)}\right)^2\right] \\ &+ \frac{V_c(t)}{(2\pi)^{1/2} \log \sigma_c(t)} \times \exp\left[-\frac{1}{2}\left(\frac{\log[d_p/d_{V_c}(t)]}{\log \sigma_c(t)}\right)^2\right] \end{aligned}$$

where :
— the subscripts n, a and c refer to the nuclei, accumulation and coarse modes respectively,
— V_n, V_a and V_c are the total volume of each mode,
— d_{V_n}, d_{V_a} and d_{V_c} are the geometric mean aerosol diameters,
— σ_n, σ_a and σ_c are the standard deviations.

A.2 Error

The normalized mean error is calculated using the following formula :

$$E_N = \frac{\sum_{i=1}^{b} |Nref_i - N_i|}{\sum_{i=1}^{b} Nref_i}$$

$$E_{logN} = \frac{\sum_{i=1}^{b} |log(Nref_i) - log(N_i)|}{\sum_{i=1}^{b} log(Nref_i)}$$

$$E_Q = \frac{\sum_{i=1}^{b} |Qref_i - Q_i|}{\sum_{i=1}^{b} Qref_i}$$

where i is the section number and b is the total number of sections.

A.3 Correlation Coefficient

The correlation coefficient between each scheme and the reference is calculated with the following formula :

$$\overline{N} = \frac{1}{b} \sum_{i=1}^{b} N_i$$

$$\overline{Nref} = \frac{1}{b} \sum_{i=1}^{b} Nref_i$$

$$cor_N = \frac{\sum_{i=1}^{b} (N_i - \overline{N}) * (Nref_i - \overline{Nref})}{\sqrt{\sum_{i=1}^{b} (N_i - \overline{N})^2 \sum_{i=1}^{b} (Nref_i - \overline{Nref})^2}}$$

The same equations are used for log N and Q.

A.4 The multichemical composition case

To extend the previous algorithm to the multichemical composition case, one has to apply the following equations. Some additionnal notations are needed.

A.4.1 The mass-redistribution

— $\widehat{Q_i(t)}$ stands for the total mass of section i at time t, after condensation/evaporation and before redistribution

— $\widehat{\Delta Q_i(t)}$ is the total mass variation of section i from time t to time $t+1$

Thus, for each time step, we have :

$$\widehat{Q_i(t+1)} = \widehat{Q_i(t)} + \widehat{\Delta Q_i(t)}$$

The species j is introduced in the equations ; $j = 1, ..., nc$, where nc is the number of compounds.

— $Q_{i,j}(t)$ stands for the mass of the species j in section i at time t, after condensation/evaporation and before redistribution

— $\Delta Q_{i,j}(t)$ is the mass variation of the species j in section i from time t to time $t+1$

For each time step :

$$Q_{i,j}(t+1) = Q_{i,j}(t) + \Delta Q_{i,j}(t)$$

Summing all the species leads to the entire mass.

$$\widehat{Q_i(t)} = \sum_j Q_{i,j}(t)$$

$$\widehat{\Delta Q_i(t)} = \sum_j \Delta Q_{i,j}(t)$$

With f depending on the redistribution scheme one uses on each fraction of mass coming from each species, the redistribution step is calculated as follows :

$$\Delta Q_{i,j}(t) = f(d_{p_i}, \widetilde{d}_{p_i}(t), Q(t))$$

Summing on j gives the total mass variation :

$$\widehat{\Delta Q_i(t)} = \sum_j f(d_{p_i}, \widetilde{d}_{p_i}(t), Q(t))$$

Therefore, one can evaluate :

$$Q_{i,j}(t+1) = Q_{i,j}(t) + \Delta Q_{i,}(t)$$
$$\widehat{Q_i(t+1)} = \widehat{Q_i(t)} + \widehat{\Delta Q_i(t)}$$
$$N_i(t+1) = \frac{6\widehat{Q_i(t+1)}}{\pi \rho \left(d_{p_i}\right)^3 (t)}$$

A.4.2 The number-redistribution

— $N_i(t)$ stands for the total number of section i at time t, which has not been affected by condensation/evaporation, before redistribution
— $\Delta N_i(t)$ is the total number variation of section i from time t to time $t+1$

$$\Delta N_i(t) = f(d_{p_i}, \widetilde{d}_{p_i}, N(t))$$
$$N_i(t+1) = N_i(t) + \Delta N_i(t)$$
$$\widehat{Q_i(t+1)} = \frac{\pi}{6}\rho(d_{p_i})^3 N_i(t+1)$$

Afterward, to find the chemical composition, i.e. the mass of each compound j in section i at time $t+1$, labeled $Q_{i,j}(t+1)$, one should apply the steps :

$$Q_{p(i,j)}(t) = Q_{i,j}(t) / N_i(t)$$
$$\Delta Q_{i,j}(t) = Q_{p(i,j)}(t) \times \Delta N_i(t)$$
$$\Delta Q_{i,j}(t+1) = Q_{i,j}(t) + \Delta Q_{i,j}(t)$$

where $Q_{p(i,j)}(t)$ is the mass of the species j in one particle of section i at time t. If particles are transferred from previous or next sections, the chemical composition of these sections ($Q_{p(i+1,j)}$ or $Q_{p(i-1,j)}$) should be transferred and averaged with the chemical composition of the current section.

A.5 Additional results for condensation

More simulation results are provided using the other two regional pollution cases from Seigneur et al. (1986) : the haze case and the clear case. Results are presented for the schemes HEMEN and Moving-Diameter.

A.6 Initial conditions

A.6.1 The clear conditions

See Tables A.1 and A.2 and Figures A.1 and A.2.

Tableau A.1 – Initial log-normal size distributions used in the regional clear pollution case study (after Seigneur et al. (1986))

Mode Parameters	Regional PSD
Mean diameter (μm)	
d_{V_n}	0.03
d_{V_a}	0.2
d_{V_c}	6.0
Standard deviation	
σ_n	1.8
σ_a	1.6
σ_c	2.2
Total volume ($\mu m^3 cm^{-3}$)	
V_n	0.03
V_a	1.0
V_c	5.0

subscripts n, a, and c refer to nuclei, accumulation and coarse modes, respectively.

Tableau A.2 – Normalized mean error for the regional clear simulation.

Scheme	Particle Concentration	Number of sections			
		6	12	24	48
HEMEN	N	0.57	0.23	0.44	0.39
	log N	0.21	0.28	0.29	0.21
	Q	0.02	0.03	0.04	0.05
Moving-Diameter	N	0.39	0.32	0.28	0.16
	log N	0.02	0.01	0.01	0.01
	Q	0.02	0.03	0.05	0.08

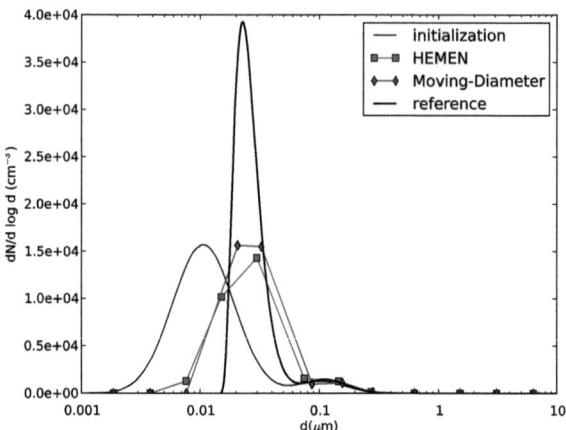

FIGURE A.1 – Simulation of condensation for the regional clear pollution case study : number distribution initially and after 12 hours.

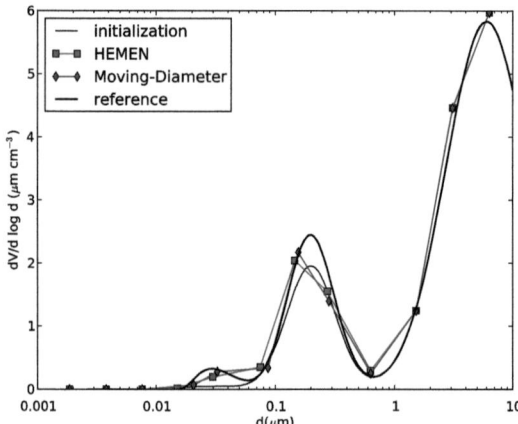

FIGURE A.2 – Simulation of condensation for the regional clear pollution case study : number distribution initially and after 12 hours.

A.6.2 The urban conditions

See Tables A.3 and A.4 and Figures A.3 and A.4.

Tableau A.3 – Initial log-normal size distributions used in the regional urban pollution case study (after Seigneur et al. (1986))

Mode Parameters	Regional PSD
Mean diameter (μm)	
d_{V_n}	0.038
d_{V_a}	0.32
d_{V_c}	5.7
Standard deviation	
σ_n	1.8
σ_a	2.16
σ_c	2.21
Total volume ($\mu m^3 cm^{-3}$)	
V_n	0.63
V_a	38.4
V_c	30.8

subscripts n, a, and c refer to nuclei, accumulation and coarse modes, respectively.

Tableau A.4 – Normalized mean error for the regional urban simulation.

Scheme	Particle Concentration	Number of sections			
		6	12	24	48
HEMEN	N	0.24	0.16	0.28	0.18
	log N	0.20	0.30	0.22	0.16
	Q	0.02	0.01	0.02	0.04
Moving-Diameter	N	0.60	0.25	0.26	0.21
	log N	0.03	0.007	0.007	0.007
	Q	0.03	0.03	0.03	0.07

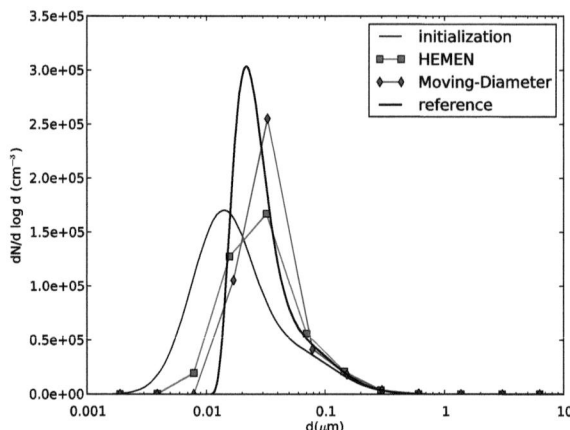

FIGURE A.3 – Simulation of condensation for the regional urban pollution case study : number distribution initially and after 12 hours.

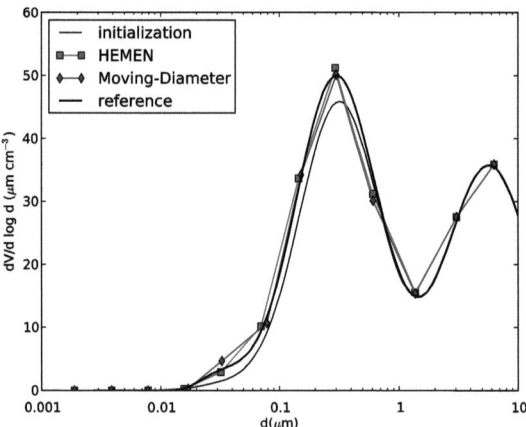

FIGURE A.4 – Simulation of condensation for the regional urban pollution case study : number distribution initially and after 12 hours.

Bibliographie

Air Quality Directive, 2008. Directive 2008/50/EC of the European Parliament. http ://ec.europa.eu/environment/air/quality/legislation/directive.htm.

Alam, M. K., 1987. The effect of the van der waals and viscous forces on aerosol coagulation. Aerosol Sci. Technol. 6 (1), 41–52.

Albriet, B., Sartelet, K. N., Lacour, S., Carissimo, B., Seigneur, C., 2010. Modelling aerosol number distributions from a vehicle exhaust with an aerosol CFD model. Atmos. Env. 44 (8), 1126–1137.

Bagouet, V., 2008. entretien avec fancelyne marano : Il est difficile d'établir clairement l'impact des nano sur la santé. Biofutur 286, 51–53.

Ball, S., Hanson, D., Eisele, F., 1999. Laboratory studies of particle nucleation : Initial results for H_2SO_4, H_2O, and NH_3 vapors. J. Geophys. Res. 104 (D19), 23709–23718.

Bang, J., Murr, L., 2002. Collecting and characterizing atmospheric nanoparticles. J. of the Min., Metals and Mater. Soc. 54 (12), 28–30.

Beard, K. V., Ochs, Harry T., I., 1984. Collection and coalescence efficiencies for accretion. J. Geophys. Res. 89 (D5), 7165–7169.

Bessagnet, B., Hodzic, A., Vautard, R., Beekmann, M., Cheinet, S., Honoré, C., Liousse, C., Rouïl, L., 2004. Aerosol modeling with CHIMERE–preliminary evaluation at the continental scale. Atmos. Env. 38 (18), 2803–2817.

Bessagnet, B., Rosset, R., 2001. Fractal modelling of carbonaceous aerosols-application to car exhaust plumes. Atmos. Env. 35, 4751–4762.

Binkowski, F. S., Shankar, U., 1995. The regional particulate matter model : Model description and preliminary results. J. Geophys. Res. 100 (26), 191–209.

Bond, C. T., Streets, D. G., Yarber, F. K., Nelson, S. M., Woo, J.-H., Klimont, Z., 2004. A technology-based global inventory of black and organic carbon emissions from combustion. J. Geophys. Res. 109 (D14203).

Bricard, J., 1977. Physique des aérosols. propriété générale. théorie cinétique. mécanique. diffusion. coagulation. Tech. rep., Institut de Protection de la Sûreté Nucléaire.

Burtscher, H., Schmidt-Ott, A., 1982. Enormous enhancement of van der waals forces between small silver particles. American. Phys. Soc. 48 (25), 1734–1737.

Capaldo, K., Pilinis, C., Pandis, S., 2000. A computationally efficient hybrid approach for dynamic gas/aerosol transfer in air quality models. Atmos. Env. 34, 3617–3627.

Chan, T. W., Mozurkewich, M., 2001. Measurement of the coagulation rate constant for sulfuric acid particles as a function of particle size. J. Aerosol Sci. 32, 321–339.

Charron, A., Harrison, R. M., 2009. Environmental and Human Health Impacts of Nanotechnology. Blackwell Publishing, Ch. 5, Atmospheric nanoparticles, pp. 163–210.

Cho, S., Michelangeli, D. V., 2008. Modeling study of the effects of the coagulation kernel with van der waals forces and turbulence on the particle size distribution. Int. J. Environ. Sci. Tech. 5 (1), 1–10.

Couvidat, F., 2012. Modélisation des particules organiques dans l'atmosphére. Ph.D. thesis, Université Denis Diderot, to be defended in November 2012.

Couvidat, F., Debry, É., Sartelet, K., C, S., 2012a. A hydrophilic/hydrophobic organic (H2O) model : Development, evaluation and sensitivity analysis. J. Geophys. Res. 117 (D10304), 19.

Couvidat, F., Debry, E., Sartelet, K., Seigneur, C., 2012b. A hydrophilic/hydrophobic organic (h2o) aerosol model : Development, evaluation and sensitivity analysis. J. Geophys. Res. 117 (D10304).

Dabdub, D., Nguyen, K., 2002. Semi-lagrangian flux scheme for the solution of the aerosol condensation/evaporation equation. Aerosol Sci. Technol. 36, 407–418.

Debry, É., 2004. Numerical simulation of an atmospheric aerosol distribution. Ph.D. thesis, Ecole nationale des ponts et chaussées, France, in French.

Debry, É., Fahey, K., Sartelet, K., Sportisse, B., Tombette, M., 2007. A technical note : A new SIze REsolved Aerosol Model : SIREAM. Atmos. Chem. Phys. 7, 1537–1547.

Debry, É., Sportisse, B., 2005. Reduction of the general dynamics equation for atmospheric aerosols : theoretical and numerical investigation. J. Atmos. Sci.Accepted for publication.

Debry, É., Sportisse, B., 2007. Numerical simulation of the General Dynamics Equation (GDE) for aerosols with two collocation methods. Appl. Numer. Math. 57, 885–898.

Devilliers, M., Debry, É., Sartelet, K., Seigneur, C., 2012. A new algorithm to solve condensation/evaporation for ultra fine, fine, and coarse particles. J. Aerosol Sci.Accepted for publication.

Dhaniyala, S., Wexler, A. S., 1996. Numerical schemes to model condensation and evaporation of aerosols. Atmos. Env. 30 (6), 919–928.

Driscoll, K. E., 1996. Role of inflammation in the development of rat lung tumors in response to chronic particle exposure. Inhal. Toxicol. 8, 139–153.

Dubchak, S., Ogar, A., Mietelski, J. W., Turnau, K., 2004. Influence of silver and titanium nanoparticles on arbuscular mycorrhiza colonization and accumulation of radiocaesium in *helianthus annuus*. J. Air Waste Manag. Assoc. 54 (9), 1069–1078.

Elder, A. C. P., Gelein, R., Finkelstein, J. N., Cox, C., Oberdörster, G., 2000. Pulmonary inflammatory response to inhaled ultrafine particles is modified by age, ozone exposure, and bacterial toxin. Inhal. Toxicol. 12, 227–246.

EPA, December 2009. Integrated science assessment for particulate matter. Tech. rep., U.S. Environmental Protection Agency, Whashington D.C., USA.

Erbil, H. Y., 2006. Surface Chemistry of Solid and Liquid Interfaces. Blackwell.

Erupe, M. E., Benson, D. R., Li, J., Young, L.-H., Verheggen, B., Al-Refai, M., Tahboub, O., Cunningham, V., Frimpong, F., Viggiano, A. A., S-H., L., 2010. Correlation of aerosol nucleation rate with sulfuric acid and ammonia in kent, ohio : An atmospheric observation. J. Geophys. Res. 115 (D23216).

Friedlander, S. K., 1977. Smoke, Dust and Haze : Fundamentals of Aerosol Behavior. Wiley, New York.

Fuchs, N. A., 1964. The Mechanics of Aerosol. Pergamon, Oxford.

Fuchs, N. A., Sutugin, A. G., 1971. High dispersed aerosols. Pergamon, New York, in Topics in current aerosol research (part 2).

Gaydos, T. M., Koo, B., Pandis, S. N., Chock, D. P., July 2003. Development and application of an efficient moving sectional approach for the solution of the atmospheric aerosol condensation/evaporation equations. Atmos. Env. 37 (23), 3303–3316.

Géhin, É., Ramalho, O., S., K., 2008. Size distribution and emission rate measurement of fine and ultrafine particle from indoor human activities. Atmos. Env. 42, 8341–8352.

Gelbard, F., Seinfeld, J. H., 1980. Simulation of multicomponent aerosol dynamics. J. Colloid Interface Sci. 78 (2), 485–501.

Gelbard, F., Tambour, Y., Seinfeld, J. H., 1980. Sectional representations for simulating aerosol dynamics. J. Colloid Interface Sci. 76 (2), 541–556.

Gibaud, S., Demoy, M., Andreux, J. P., Weingarten, C., Gouritin, B., Couvreur, P., 1996. Cells involved in the capture of nanoparticles in hematopoietic organs. J. Pharm Sci. 85, 944–950.

Graham, S. C., Homer, J. B., 1973. Coagulation of molten lead aerosols. Faraday Symp. Chem. Soc. 7, 85–96.

Hamaoui, L., 2012. Les émissions d'ammoniac par les activités agricoles : impact sur la qualité de l'air. Ph.D. thesis, Université Denis Diderot.

Harrington, D. Y., Kreidenweis, S. M., 1998. Simulations of sulfate aerosol dynamics i. model description. Atmos. Env. 32 (10), 1691–1700.

Heintzenberg, J., Wehner, B., Birmili, W., 2007. "how to find bananas in the atmospheric aerosol" : new approach for analyzing atmospheric nucleation and growth events. Tellus 59B, 273–282.

Holmes, N., 2007. A review of particle formation events and growth in the atmosphere in the various environments and discussion of mechanistic implications. Atmos. Env. 41, 2183–2201.

Holmes, N. S., Morawska, L., 2006. A review of dispersion modelling and its application to the dispersion of particles : An overview of different dispersion models available. Atmos. Env. 40 (30), 5902–5928.

IARC, 2012. Diesel engine exhaust carcinogenic. WHO Press Release.

Israelachvili, J., 1992. Intermolecular and Surface Forces. Academic Press.

Israelachvili, J. N., 2011. Intermolecular and Surface Forces, 3rd Edition. Elsevier.

Jacobson, M. Z., 1997a. Development and application of a new air pollution modeling system - part 2 : Aerosol module structure and design. Atmos. Env. 31 (2), 131–144.

Jacobson, M. Z., 1997b. Development and application of a new air pollution modeling system - part 3 : Aerosol-phase simulations. Atmos. Env. 31 (4), 587–608.

Jacobson, M. Z., 1997c. Development and application of a new air pollution modeling systeme II. Aerosol module structure and design. Atmos. Env. 31 (2), 131 – 144.

Jacobson, M. Z., 2002. Analysis of aerosol interactions with numerical techniques for solving coagulation, nucleation, condensation, dissolution, and reversible chemistry among multiple size distributions. J. Geophys. Res. 107 (D19), 4366.

Jacobson, M. Z., 2005. Fundamentals of atmospheric modeling, second edition Edition. Cambridge University press, Oxford.

Jacobson, M. Z., Kittelson, D. B., Watts, W. F., 2005. Enhanced coagulation due to evaporation and its effect on nanoparticle evolution. Environ. Sci. Tech. 39 (24), 9486–9492.

Jacobson, M. Z., Seinfeld, J. H., 2004. Evolution of nanoparticles size and mixing state near the point of emission. Atmos. Env. 38, 1839–1850.

Jacobson, M. Z., Turco, R. P., 1995. Simulating condensational growth, evaporation and coagulation of aerosols using a combined moving and stationary size grid. Aerosol Sci. Technol. 22, 73–92.

Jaecker-Voirol, A., Mirabel, P., 1989. Heteromolecular nucleation in the sulfuric acid-water system. Atmos. Env. 23 (9), 2053 – 2057.

Jan Hovorka, J., Brani, M., 2011. New particle formation and condensational growth in a large indoor space. Atmos. Env. 45, 2736–2749.

Ji, X., Le Bihan, O., Ramalho, O., Mandin, C., D'Anna, B., Martinon, L., Nicolas, M., Bard, D., Pairon, J. C., 2010. Characterization of particles emitted by incense burning in an experimental house. Indoor Air 20, 147–158.

Jung, J., Fountoukis, C., Adams, P. J., Pandis, S. N., 2010. Simulation of in situ ultrafine particle formation in the eastern united states using PMCAMx-UF. J. Geophys. Res. 115 (D03203), 1–13.

Kerminen, V., Lihavainen, H., Komppula, M., Viisanen, Y., Kulmala, M., 2005. Direct observational evidence linking atmospheric aerosol formation and cloud droplet activation. Geophys. Res. Lett. 32 (L14803).

Kirchner, S., Arenes, J.-F., Cochet, C., Derbez, M., Duboudin, C., Elias, P., Gregoire, A., Jédor, B., Lucas, J.-P., Pasquier, N., Pigneret, M., Ramalho, O., 2007. État de la qualité de l'air dans les logements français. Envir., Risq. & Santé 6 (4), 259–269.

Kittelson, D. B., Watts, W. F., Johnson, J. P., Schauer, J. J., Lawson, D. R., 2006. On-road and laboratory evaluation of combustion aerosols-part 2 : Summary of spark ignition engine results. J. Aerosol Sci. 37, 931–941.

Kleeman, M. J., Cass, G. R., 1997. Modeling the airborne particle complex as a source-oriented external mixture. J. Geophys. Res. 102 (D17), 21355–21372.

Kuang, C., McMurry, P. H., McCormick, A. V., Eisele, F. L., 2008. Dependence of nucleation rates on sulfuric acid vapor concentration in diverse atmospheric locations. J. Geophys. Res. 113 (D10209).

Kulmala, M., Korhonen, P., Napari, I., Karlsson, A., Berresheim, H., O'Dowd, C. D., 2002. Aerosol formation during parforce : Ternary nucleation of H_2SO_4, NH_3, and H_2Omaxime.beauchamp76@gmail.com. J. Geophys. Res. 107(D19) (8111).

Kulmala, M., Laaksonen, A., Pirjola, L., 1998. Parameterizations for sulfuric acid/water nucleation. J. Geophys. Res. 103 (D7), 8301–8307.

Kulmala, M., Lehtinen, K. E. J., Laaksonen, A., 2006. Cluster activation theory as an explanation of the linear dependence between formation rate of 3nm particles and sulphuric acid concentration. Atmos. Chem. Phys. 6 (3), 787–793.

Kulmala, M., Vehkamäki, H., Petäjä, T., Dal Maso, M., Lauri, A., Kerminen, V.-M., Birmili, W., McMurry, P. H., 2004. Formation and growth rates of ultrafine atmospheric particles : A review of observations. J. Aerosol Sci. 35, 143–176.

Kumar, P., Ketzel, M., Vardoulakis, S., Pirjola, L., Britter, R., 2011. Dynamics and dispersion modelling of nanoparticles from road traffic in the urban atmospheric environment-a review. J. Aerosol Sci. 42 (9), 580–603.

Laaksonen, A., Hamed, A., Joutsensaari, J., Hiltunen, L., Cavalli, F., Junkermann, W., Asmi, A., Fuzzi, S., Facchini, M. C., 2005. Cloud condensation nucleus production from nucleation events at highly polluted region. Geophys. Res. Lett. 32 (L06812).

LeBlanc, A., Moseley, A., Chen, B., Frazer, D., Castranova, V., Nurkiewicz, T., 2010. Nanoparticle inhalation impairs coronary microvascular reactivity via a local reactive oxygen species-dependent mechanism. Cardiovascular Toxicology 10, 27–36.

Lihavainen, H., Kerminen, V., Komppula, M., Hattaka, J., Aaltonen, V., Kulmala, M., Viisanen, Y., 2003. Production of « potential » cloud condensation nuclei associated with atmospheric new-particle formation in northern Finland. J. Geophys. Res. 108 (4782).

Ma, X., Anand, D., Zhang, X., Tsige, M., Talapatra, S., 2010. Carbon nanotube-textured sand for controlling bioavailability of contaminated sediments. Nano Research 3, 412–422.

Marlow, W. H., 1980a. Derivation of aerosol collision rates for singular attractive contact potentials. J. Chem. Phys. 73 (12), 6284–6287.

Marlow, W. H., 1980b. Lifshitzvan der waals forces in aerosol particle collisions. I. introduction : Water droplets. J. Chem. Phys. 73 (12), 6288–6295.

McMurry, P., Fink, M., Sakurai, H., Stolzenburg, M., Mauldin, R., Smith, J., Eisele, F., Moore, Sjostedt, K., Tanner, D., Huey, L., Nowak, J., Edgerton, E., D. Voisin, D., 2005. A criterion for new particle formation in the sulfur-rich Atlanta atmosphere. J. Geophys. Res. 110 (D22S02).

McMurry, P. H., 1980. Photochemical aerosol formation from SO_2 : A theorical analysis of smog chamber data. J. Colloid Interface Sci. 78 (2), 513–527.

McMurry, P. H., Fink, M., Sakurai, H., Stolzenburg, M. R., Mauldin III, R. L., Smith, J., Eisele, F., Moore, K., Sjostedt, S., Tanner, D., Huey, L. G., Nowak, J. B., Edgerton, E., Voisin, D., 2005. A criterion for new particle formation in the sulfur-rich atlanta atmosphere. J. Geophys. Res. 110 (D22S02).

Merikanto, J., Napari, I., Vehkamäki, H., Anttila, T., Kulmala, M., 2007. New parameterization of sulfuric acid-ammonia-water ternary nucleation rates at tropospheric conditions. J. Geophys. Res. 112 (D15), 0148–0227.

Merikanto, J., Spracklen, D., Mann, G., Pickering, S., Carslaw, K., 2009. Impact of nucleation on global CCN. Atmos. Chem. Phys. 9, 8601–8616.

Michou, M., Peuch, V., 2002. Surface exchanges in the multiscale chemistry and transport model mocage. Water Sci. Rev. 15, 173–203.

Morawska, L., Ristovski, Z., Jayaratne, E. R., Keogh, D. U., Ling, X., 2008. Ambient nano and ultrafine particles from motor vehicle emissions : Characteristcs, ambient processing and implications on human exposure. Atmos. Env. 42, 8113–8138.

Napari, I., Noppel, M., Vehkamäki, H., Kulmala, M., 2002. An improvement model for ternary nucleation of sulfuric acid-ammonia-water. J. Comp. Phys. 116 (10), 4221–4227.

Nemmar, A., Hoet, P. H. M., Vanquickenborne, B., Dinsdale, D., Thomeer, M., Hoylaerts, M. F., Vanbilloen, H., Mortelmans, L., Nemery, B., 2002a. Passage of inhaled particles into the blood circulation in humans. Circulation 105, 411–414.

Nerisson, P., mars 2009. Modélisation du transfert des aérosols dans un local ventilé. Ph.D. thesis, IMFT (Toulouse, France).

Oberdörster, G., Oberdörster, E., Oberdörster, J., 2005. Nanotoxicology : An emerging discipline evolving from studies of ultrafine particles. Env. Health Perspec. 113 (7), 823–839.

Okuyama, K., Kousaka, Y., Hayashi, K., 1984. Change in size distribution of ultrafine aerosol particles undergoing brownian coagulation. J. Colloid Interface Sci. 101 (1), 98–109.

Pandis, S., Russel, L., Seinfeld, J., 1994. The relationship between DMS flux and CCN concentration in remote marine regions. J. Geophys. Res. 99 (D8), 16945–16957.

Pentinen, P., Timonen, K. L., Tiittanen, P., Mirme, A., Ruuskanen, J., Pekkanen, J., 2001. Ultrafine particles in urban air and respiratory health among adult asthmatics. Eur. Respir. J. 17, 428–435.

Pruppacher, H. R., Klett, J. D., Wang, P. K., 1998. Microphysics of clouds and precipitation. Aerosol Sci. Technol. 28 (4), 381–382.

Pun, B. K., Seigneur, C., Vijayaraghavan, K., Wu, S.-Y., Chen, S.-Y., Knipping, E. M., Kumar, N., 2006. Modeling regional haze in the bravo study using CMAQ-MADRID : 1. model evaluation. J. Geophys. Res. 111 (D06302), 25.

Putaud, J., Dingenen, R., Baltensperger, U., Brüggemann, E., Charron, A., Facchini, M., Decesari, S., Fuzzi, S., Gehrig, R., Hansson, H., Harrison, R., Jones, A., Laj, P., Lorbeer, G., Maenhaut, W., Mihalopoulos, N., Müller, K., Palmgren, F., Querol, X., Rodriguez, S., Schneider, J., Spindler, G., Brink, H., Tunved, P., Torseth, K., Weingartner, E., Wiedensohler, A., Wahlin, P., Raes, F., 2004. A european aerosol phenomenology. Tech. rep., Joint Research Centre, Institute for Environment and Sustainability.

Qian, S., Sakurai, McMurry, P., 2007. Characteristics of regional nucleation events in urban east st. louis. Atmos. Env. 41, 4119–4127.

Raes, F., Saltelli, A., Dingenen, R., 1992. Modelling formation and growth of h2so4-h2o aerosols : Uncertainty analysis and experimental evaluation. J. Atmos. Sci. 23 (7), 759 – 771.

Ricaud, M., Lafon, D., Roos, F., 2008. Nanotubes de carbone : quels risques, quelle prévention ? IRSN.

Riipinen, I., Sihto, S. L., Kulmala, M., Arnold, F., Dal Maso, M., Birmili, W., Saarnio, K., Teinilä, K., Kerminen, V. M., Laaksonen, A., Lehtinen, K. E. J., 2007. Connections between atmospheric sulphuric acid and new particles formation during QUEST III-IV campaigns in Heidelberg and Hyytiälä. Atmos. Chem. Phys. 7 (8), 1899–1914.

Roedel, W., 1979. Measurement of sulfuric acid saturation vapor pressure ; implications for aerosol formation by heteromolecular nucleation. J. Atmos. Sci. 10 (4), 375 – 386.

Sartelet, K., Debry, É., Fahey, K., Roustan, Y., Tombette, M., Sportisse, B., 2007. Simulation of aerosols and gas-phase species over europe with the polyphemus system : Part I- Model-to-data comparison for 2001. Atmos. Env. 41 (29), 6116–6131.

Sartelet, K., Hayami, H., Albriet, B., Sportisse, B, 2006. Development and preliminary validation of a modal aerosol model for tropospheric chemistry : MAM. Aerosol Sci. Technol. 40 (2), 118–127.

Sceats, M. G., 1989. Brownian coagulation in aerosols - the role of long range forces. J. Colloid Interface Sci. 129 (1), 105 – 112.

Schmidt-Ott, A., Burtscher, H., 1982. The effect of the van der waals forces on aerosol coagulation. J. Colloid Interface Sci. 89 (2), 353–357.

Seigneur, C., 1982. A model of sulfate aerosol dynamics in atmospheric plumes. Atmos. Env. 16 (9), 2207–2228.

Seigneur, C., 2009. Current understanding of ultra fine particulate matter emitted from mobile sources. J. Air & Waste Manag. Asso. 59, 3–17.

Seigneur, C., Hudischewskyj, A. B., Seinfeld, J. H., Whitby, K. T., Whitby, E. R., Brock, J. R., Barnes, H. M., 1986. Simulation of aerosol dynamics : A comparative review of mathematical models. Aerosol Sci. Technol. 5, 205–222.

Seinfeld, J., Pandis, S., 2006. Atmospheric Chemistry and Physics, second edition Edition. Wiley-interscience.

Seinfeld, J. H., 1985. Atmospheric chemistry and physics of air pollution. John Wiley and Sons, Inc.,New York, NY.

Seinfeld, J. H., Pandis, S. N., 1998. Atmospheric Chemistry and Physics. Wiley-interscience, New York.

Sherman, P., 1963. Rarified Gas Dynamics. Vol. 2. Academic Press, New York.

Sihto, S. L., Kulmala, M., Kerminen, V. M., Dal Maso, M., Petäjä, T., Riipinen, I., Korhonen, H., Arnold, F., Janson, R., Boy, M., Laaksonen, A., Lehtinen, K. E. J., 2006. Atmospheric sulphuric acid and aerosol formation : implications from atmospheric measurements for nucleation and early growth mechanisms. Atmos. Chem. Phys. 6 (12), 4079–4091.

Silverman, D. T., Samanic, C. M., Lubin, J. H., Blair, A. E., Stewart, P. A., Vermeulen, R., Coble, J. B., Rothman, N., Schleiff, P. L., Travis, W. D., Ziegler, R. G., Wacholder, S., D., A. M., 2011. The diesel exhaust in miners study : a nested case-control study of lung cancer and diesel exhaust. J. Natl. Cancer Inst. 104, 1–14.

Simonin, O., 1991. Second-moment prediction of dispersed phase turbulence in particle-laden flows. Symposium on Turbulent Shear Flows, 8th 1 (A92-40051), 7–4–1 à 7–4–6.

Simonin, O., Deutsch, E., Minier, J. P., 1993. Eulerian prediction of the fluid/particle correlated motion in turbulent two-phase flows. App. Sci. Res. 51, 275–283.

Smoluchowski, M., 1917. Mathematical theory of the kinetics of the coagulation of colloidal solutions. Phys.Z.

Spielman, L. A., 1970. Viscous interactions in brownian coagulation. J. Colloid Interface Sci. 33 (4), 562–571.

Sportisse, B., 2000. An analysis of operator splitting techniques in the stiff case. J. Comp. Phys. 161 (1), 140 – 168.

Twomey, S., 1977. Atmospheric Aerosols. Elsevier Scientific Publishing Co.,New York.

Vehkamaki, H., Kulmala, M., Napari, I., Lehtinen, K., Timmreck, C., 2002. An improved parameterization for sulfuric acid-water nucleation rates for tropospheric and stratospheric conditions. J. Geophys. Res. 107 (D22), 4622.

Verheggen, B., Mozurkewich, M., 2006. An inverse modeling procedure to determine particle growth and nucleation rates from measured aerosol size distributions. Atmos. Chem. Phys. Disc. 2, 1679–1723.

Vignes, A., Muñoz, F., Bouillard, J., Dufaud, O., Perrin, L., Laurent, A., Thomas, D., 2012. Risk assessment of the ignitability and explosivity of aluminum nanopowders. Process Saf. and Envir. Protec. 90 (4), 304–310.

Visser, J., 1972. On hamaker constants : A comparison between hamaker constants and lifshitz-van der waals constants. Adv. Colloid Interface Sci. 3 (4), 331–363.

Wexler, A., Lurmann, F., Seinfeld, J., 1994. Modelling urban and regional aerosols-i. model development. Atmos. Env. 28 (3), 531 – 546.

Whitby, K. T., 1978. The physical characteristics of sulfur aerosols. Atmos. Env. 12 (1-3), 135–159.

Yu, F., 2006a. Effect of ammonia on new particle formation : A kinetic h2so4-h2onh3 nucleation model constrained by laboratory measurements. J. Geophys. Res. 111 (D01204).

Yu, F., 2006b. From molecular clusters to nanoparticles : second generation ion mediated nucleation model. Atmos. Chem. Phys. 6 (12), 5193–5211.

Yu, F., 2007. Improved quasi-unary nucleation model for binary h2so4 - h2o homogeneous nucleation. J. Chem. Phys. 127, 054301.

Yu, F., Wang, Z., Luo, G., Turco, R., 2008. Ion-mediated nucleation as an important global source of tropospheric aerosols. Atmos. Chem. Phys. 8 (9), 2537–2554.

Zhang, Y., Liu, P., Jacobson, M. Z., McMurry, P. H., Yu, F., Yu, S., Schere, K. L., 2010b. A comparative study of nucleation parametrization : 2. Three-dimensional model application and evaluation. J. Geophys. Res. 115 (D20213).

Zhang, Y., Liu, P., Liu, X.-H., Pun, B., Seigneur, C., Jacobson, M. Z., Wang, W.-X., 2010c. Fine scale modeling of wintertime aerosol mass, number, and size distributions in central California. J. Geophys. Res. 115 (D15207).

Zhang, Y., Liu, P., Pun, B., Seigneur, C., 2006. A comprehensive performance evaluation of MM5-CMAQ for the summer 1999 southern oxidants study episode, part III : Diagnostic and mechanistic evaluations. Atmos. Env. 40, 4856–4873.

Zhang, Y., McMurry, P. H., Yu, F., Jacobson, M. Z., 2010a. A nucleation parametrization : 1. Examination and evaluation of the formulation. J. Geophys. Res. 115 (D20212).

Zhang, Y., Pun, B., Vijayaraghavan, K., Wu, S.-Y., Seigneur, C., Pandis, S., Jacobson, M., Nenes, A., J.H., S., 2004. Development and application of the model of aerosol dynamics, reaction, ionization, and dissolution (MADRID). J. Geophys. Res. 109 (D01202).

Zhang, Y., Seigneur, C., Seinfeld, J. H., Jacobson, M. Z., Binkowski, F. S., 1999. Simulation of aerosol dynamic : A comparative review of algorithms used in air quality models. Aerosol Sci. Technol. 31, 487–514.

Oui, je veux morebooks!

I want morebooks!

Buy your books fast and straightforward online - at one of the world's fastest growing online book stores! Environmentally sound due to Print-on-Demand technologies.

Buy your books online at
www.get-morebooks.com

Achetez vos livres en ligne, vite et bien, sur l'une des librairies en ligne les plus performantes au monde! En protégeant nos ressources et notre environnement grâce à l'impression à la demande.

La librairie en ligne pour acheter plus vite
www.morebooks.fr

OmniScriptum Marketing DEU GmbH
Heinrich-Böcking-Str. 6-8
D - 66121 Saarbrücken
Telefax: +49 681 93 81 567-9

info@omniscriptum.de
www.omniscriptum.de

Printed by Books on Demand GmbH, Norderstedt / Germany